Klaus Richarz

Vögel in der Stadt

Klaus Richarz

Vögel in der Stadt

In enger Nachbarschaft mit
Mauerseglern, Spatzen, Falken
und vielen anderen Vogelarten

illustriert von Konrad Algermissen

pala verlag

Inhalt

Vögel um uns – vertraute Unbekannte

Viele Menschen, die auf engem Raum zusammen leben und arbeiten, eine dichte Bebauung, eine Vielzahl von Straßen mit hohem Verkehrsaufkommen, damit verbunden eine vielfältige Geräuschkulisse und erhebliche Abgasmengen, ein hoher Versiegelungsgrad des Bodens trotz vorhandener Grünflächen, ein Lichtermeer bei Nacht: So oder ähnlich setzt sich unser Stadtbild zusammen.

Auf unserem Weg zur Arbeit begegnen uns viele Menschen, zu Fuß, auf dem Fahrrad oder in Bussen und Autos. Und selbst in den Parks fallen uns meistens die Jogger noch vor den Vögeln auf. Letztere sind für viele von uns bei unserem täglichen, oft hektischen Tun nur kaum wahrgenommene Begleiterscheinungen. Weil wir uns für sie – abgesehen vielleicht vom Wassergeflügel auf Teich und am Fluss – keine Zeit nehmen oder wir Vögel in unserer Erwartungshaltung an die Stadt nicht »auf dem Schirm« haben?

Müssen wir wirklich hinaus aufs Land, wenn wir Natur erleben wollen? Unsere Vorstellungen von der naturfernen Stadt und dem naturnahen Land werden von Leitbildern gestützt, die eine freie Entfaltungsmöglichkeit der Natur außerhalb der Stadt zeigen im Gegensatz zur »Natur im Würgegriff« in den Ballungsräumen. So einleuchtend diese Bilder auf den ersten Blick erscheinen mögen, so wenig entsprechen sie der Realität.

Ob wir es wahrhaben wollen oder nicht: Tatsache ist, dass sich Natur heute in der Stadt vielerorts leichter entfalten kann als in Feld und Flur. So leben in unseren Städten auf engem Raum mehr Vögel als in unseren Wäldern. Je größer die Stadt, desto mehr Vögel kommen dort vor. Pro Großstädter ein Vogel gilt als Faustregel. Millionenstädte für Menschen beherbergen auch Millionen Vögel. Kein mitteleuropäisches Vogelschutzgebiet vergleichbarer Größe kann so vielen Vögeln Platz bieten wie Berlin oder Hamburg. Dabei geht es nicht nur um die Individuenzahl, sondern auch um die Artenzahl: In beiden Städten lassen sich jeweils etwa zwei Drittel der hierzulande etwa 250 einheimischen Brutvogelarten nachweisen. Wobei die Artenspektren natürlich Unterschiede aufweisen und von der Lage der Städte im jeweiligen Landschaftsraum abhängen.

Wenn wir eine flächenbezogene Hitliste der Artenvielfalt aufstellen, kommen unsere Städte auf den zweiten Platz, gleich nach den militärischen Übungsgeländen und noch vor den Naturschutzgebieten. Obwohl der Zweck der »Drittplatzierten« – im Gegensatz zu Städten und Militärgeländen – ausdrücklich die Erhaltung und Förderung der Arten und ihrer Lebensräume ist. Trotz hoher Vogelvielfalt und -dichte in der Stadt sind Naturschutzgebiete für viele Arten dennoch unverzichtbar: Auf Natur- und Vogelschutzgebiete sind vor allem Arten angewiesen, die an ihren

In enger Nachbarschaft – auf gute Nachbarschaft!

Lebensraum besondere Ansprüche stellen. Etwa an die Ungestörtheit und Größe der Brut- und Rasthabitate oder an eine bestimmte Vegetation und deren strukturelle Ausprägung. Für am Boden brütende Vogelarten etwa sind Stadtbiotope wegen unausweichlicher Störungen durch Menschen und Haustiere (vor allem Hunde) immer nur suboptimal. Wiesenlimikolen, scheue Großtrappen und Raufußhühner, an Urwaldstrukturen angepasste Spechtarten oder Hochgebirgs-Vogelarten kämen in Städten nie zurecht.

Was sind nun die wichtigsten Gründe für den Vogel- wie Artenreichtum unserer Städte? Entscheidend für Artenvielfalt ist allgemein der Reichtum an Strukturen. Wo es an diesen mangelt, ist Artenarmut angesagt. Unsere Agrarlandschaften sind im Vergleich zu Städten ausgeräumt und aus produktionstechnischen Gründen vereinheitlicht. Zudem sind Agrarflächen überdüngt. Zu den Verlierern dieser Entwicklung zählen unsere Feld- und Wiesenvögel, von der Feldlerche über das Rebhuhn bis zu Braunkehlchen und Kiebitz. Ähnliches, wenn auch in stark abgeschwächter Form, gilt für die Wälder: Sommergrüne Laubwälder, für die wir aufgrund unserer Lage im Zentrum ihrer Weltverbreitung global Verantwortung tragen, sind durch Flächenverluste, Fragmentierung sowie zivilisatorische und forstwirtschaftliche Überprägung nur noch in geringen natürlichen Resten vorhanden. So etwa durch forstliche Monokulturen, gut ausgebaute Forstwege und dort hohen Besucherdruck durch Freizeitnutzung. Der in Mitteleuropa vorherrschende Primärwaldtyp ist der Rotbuchenwald und nur ein Restvorkommen von etwa ein Prozent der gesamten Buchenwaldfläche hierzulande ist älter als 180 Jahre. Daran angepasste Tierarten haben wegen der ohnehin begrenzten Verbreitung sommergrüner Laubwälder ein entsprechend begrenztes Weltverbreitungsgebiet. Glücklicherweise zeigen die meisten Waldvogelarten eine hohe ökologische Flexibilität. Ihre Bestände sind nur deshalb in einem insgesamt guten Erhaltungszustand, weil diese Vogelarten selbst Parks und Siedlungsbereiche mit entsprechenden Baumbeständen und Strukturen nutzen können.

Somit sind Städte nicht selten zu Rettungsinseln für eine Reihe von Arten geworden. Dies gilt vor allem für wärmeliebende Arten, die von den durchschnittlich zwei bis drei Grad höheren Temperaturen in der Stadt gegenüber dem Umland profitieren, aber auch für Arten, die in der Stadt ein sichereres Leben führen können. Außerdem finden viele Arten in der Stadt Strukturen wie Spalten, überdachte Nischen oder Höhlen zur Anlage ihrer Nester vor, die in der freien Landschaft oft seltener und teilweise nur regional vorhanden sind. Auch die Nahrungsgrundlage für viele Arten ist reichlich und regelmäßig vorhanden. So finden Habicht und Sperber durch das reiche Vogelleben in der Stadt genügend Beute und werden dort auch nicht verfolgt. Der Wanderfalke, jahrzehntelang und weltweit eines der großen Sorgenkinder des Naturschutzes, kann seine Jungen seit rund 25 Jahren erfolgreich auf hohen Gebäuden in den

Städten großziehen. Auf Hochhäusern, Domen oder an Kühltürmen muss er weder Eiersammler noch Falkner oder Sportkletterer fürchten. Nahrung in Form von Stadttauben, aber auch nächtlich durchziehenden Zugvögeln, denen er durch die helle Stadtbeleuchtung habhaft werden kann, findet er im Überfluss. Auf keiner vergleichbar großen Fläche in Deutschland kommen heute beispielsweise so viele Wanderfalken-Brutpaare vor wie in Frankfurt am Main.

»Neuankömmlinge« unter den Tierarten, Neozoen genannt, fassen meist zuerst – und oft ausschließlich – in Städten Fuß. Das sind Arten, die vom Menschen bewusst oder unbewusst eingeschleppt wurden oder aus Haltungen entkamen. Sie zeichnen sich meist durch eine große Anpassungsfähigkeit, eine hohe Fortpflanzungsrate und geringe Scheu gegenüber Menschen aus. In der Regel sind Städter auch toleranter als die Landbevölkerung gegenüber den wilden Mitbewohnern: Diese konkurrieren mit den Menschen in der Stadt weder um Nahrung noch um Jagdertrag und werden daher eher umsorgt als verfolgt und vertrieben. Die Antwort der Stadttiere darauf ist ihre geringere Menschenscheu und größere Vertrautheit. Das wiederum erlaubt es uns, die Tiere in der Stadt, vor allem die fast allgegenwärtigen Vögel, leichter zu beobachten und uns an ihren Ausdrucksformen zu erfreuen.

In der Stadt sind wir fast auf Schritt und Tritt von Vögeln umgeben – ob vor der Haustür, dem Fenster unseres Arbeitsplatzes, im Stadtpark, am Bahnhof und selbst auf Parkplätzen. Viele von uns nehmen die meisten dieser ständigen Begleiter fast gar nicht oder nur als »Hintergrundrauschen« wahr. Wenn wir lernen, auf die Aktionen und Laute – die Stimmen und Fluggeräusche – der Vögel zu achten, die wir vom Fenster, auf der Straße, auf dem Weg zum Arbeitsplatz oder auf Spaziergängen treffen, eröffnen sich für uns schon sehr bald neue Erlebniswelten.

In den folgenden Kapiteln werden die Stadtlebensräume und ihre gefiederten Bewohner näher vorgestellt. Dabei bieten selbst scheinbar so bekannte Arten wie Haussperlinge, Amseln oder Meisen für uns noch viel Neues und Verblüffendes in ihrem Verhaltensrepertoire. Und wir werden erfahren, welch interessante Beobachtungsmöglichkeiten die Vögel in der Stadt bieten und wo es sich lohnt, ihnen zu helfen.

Bauwerke für Menschen – und Vögel

Bevor der Mensch siedelte und seine Bauwerke errichtete, nutzten die Vögel ausschließlich natürliche Strukturen als Lebensräume. Von unserer Siedlungstätigkeit wurden solche Arten angezogen, deren »Suchbild« nach arttypischen Lebensräumen zum vorgefundenen Siedlungsraum passte. Die Einwanderung von Vogelarten in Dörfer und Städte ist somit ein Spiegelbild der Entwicklungsgeschichte unserer Siedlungsräume.

Die Städte im Mittelalter zeichneten sich durch dichte Bebauung und Befestigungsanlagen aus. Dagegen war Grün in einer mittelalterlichen Stadt Mangelware. Daher zog es vor allem Vögel schroffer Felslandschaften zur Ansiedlung in die Stadt. Als Erste könnten Vogelarten, die an Felsen und in Felsspalten nisten, als Brutmöglichkeiten zum Beispiel Burgen, die auf ihren natürlichen Brutfelsen errichtet wurden, angenommen haben. Bei manchen dieser Arten, die seit Jahrhunderten neben uns leben, kommt das auch in ihrem Namen zum Ausdruck: Hausrotschwanz und Turmfalke, Mauersegler (Haussegler), Mehlschwalbe (Hausschwalbe) oder Dohle (Turmrabe) teilen schon seit mindestens dem Mittelalter Haus und Hof mit uns Menschen und genießen somit uraltes Wohnrecht. Während zum Beispiel der Hausrotschwanz an fast allen Bauwerken kleine Nischen zum Brüten nutzten konnte, fand der Turmfalke an hohen Gebäuden, vor allem Türmen, seinen Felsbrutplatz-Ersatz. Heute hat er seine Reviere fast lückenlos über unsere Städte verteilt und jagt zwischen Häusern vor allem häufige Kleinvögel, an Ortsrändern und auf Grünflächen überwiegend Mäuse.

Die von Menschen gemachten Objekte nutzen die Stadtbewohner unter den Vögeln gerne als Unterschlupf, Nistplatz oder auch zur Gewinnung von Nistmaterial. Amseln nisten zum Beispiel innerhalb von Gebäuden oder sogar unter der Bodenoberfläche in U-Bahn-Schächten und Baugruben. Bachstelzen und Hausrotschwänze bauen ihre Nester sogar an Fahrzeugen und Maschinen, die in Betrieb sind (Lastkraftwagen, Baumaschinen). Und Rauchschwalben können nistend auf Flussschiffen mitreisen. Im Gebiet der Warschauer Innenstadt nisten zum Beispiel gut

Mauerseglertrupps, mit schrillen Rufen hoch über unseren Köpfen und Häusern kreisend, gehören zum sommerlichen Stadtbild.

80 Prozent aller Vögel in Bauwerken, meist an und in Gebäuden. Manche Vogelarten neigen dazu, ihre Nester in Städten höher als in der freien Landschaft anzulegen. So brüten Stadtamseln durchschnittlich einen Meter höher als ihre Artgenossen außerhalb der Stadt. Entscheidend für die Entwicklung solcher Traditionen ist natürlich, ob sich ausfliegende Junge, die solchermaßen groß geworden sind und dieses Verhalten übernehmen, in ausreichender Anzahl in die bestehende Population integrieren können. Auch nutzen manche Stadtvögel zum Nestbau Materialien aus städtischem Abfall. Statt aus dünnen Zweigen kann ein Ringeltaubennest in der Stadt schon mal aus Draht gebaut sein. Weitere Anpassungen verschiedener Vogelarten (und Säugetierarten) in der Stadt sind ihre größere Vertrautheit und geringere Fluchtdistanzen, eine Umstellung in der Nahrungsauswahl, eine höhere Populationsdichte, die Verlängerung des tageszeitlichen Rhythmus (der Aktivitätsphasen) und ein reduziertes Zugverhalten. Außerdem ist die mittlere Lebensdauer der Tiere oft länger als außerhalb der Stadt. Lebensverlängernd wirken sich wohl vor allem die geringere Wintersterblichkeit und ein verringertes Zugverhalten wie auch der oft geringere Feinddruck aus.

Sängerwettstreit

In unserem engeren und weiteren Wohnumfeld können wir besonders gut die Werberituale der Singvögel beobachten. Unermüdlich singen viele Vogelmännchen im Frühjahr ihre typischen Lieder. Doch was Weibchen anzieht, wirkt auf die männliche Konkurrenz bedrohlich. Frühzeitig stecken die Sänger auf diese Weise ihre Reviere ab – eine unmissverständliche Kampfansage an ihre Nebenbuhler, falls diese unerlaubt eindringen. Dadurch sichern sie die Nahrungsversorgung für ihren Nachwuchs: Im eigenen »Garten«, begrenzt nicht durch einen Zaun, sondern den Gesang, muss man nicht mit Artgenossen um Futter streiten.

Gefiederte Nachbarn an Häusern

Die früheren Häuser mit ihren Dachlandschaften, den Dachüberständen, Nischen und Einschlupfmöglichkeiten in Dachräume waren Ersatzfelsen für Gebirgsvögel wie den Hausrotschwanz, boten Mehlschwalben Ansatzmöglichkeiten für ihre Viertelkugelnester aus Lehm und Einflugmöglichkeiten für die ursprünglich in Felsspalten nistenden Mauersegler.

Der Hausrotschwanz

Sänger vom Dachfirst und Schornstein

Unentwegtes Knicksen und ständiges Schwanzzittern sind zwei seiner Erkennungszeichen, ein weiteres ist die namengebende Schwanzfärbung: Der Hausrotschwanz ist als ursprünglicher Felsbewohner aus Hochgebirgsregionen sowie anderen felsigen oder geröllhaltigen Lebensräumen ein ausgewiesener Spezialist für Siedlungsräume. In diesen nutzt er Gebäude wie Felsen zum Vortragen seines quetschend-kratzenden Gesangs von Dachfirsten und Schornsteinen, zur Jagd auf Insekten, Spinnentiere und gelegentlich zum Verzehr von Früchten sowie zum Brüten in Gebäudenischen. Mit dem Wachstum der Städte und Dörfer im 18. und 19. Jahrhundert hat sich diese Art immer weiter nach Norden verbreitet. Dazu kamen Mitte des 20. Jahrhunderts die im Zweiten Weltkrieg durch Fliegerbomben zerstörten Städte mit ihren zahllosen Ruinen und Trümmergrundstücken. Diese noch längere Zeit vorhandenen Mahnmale an diesen schrecklichen, sinnlosen Krieg waren ein Eldorado für die Felsen und Geröll liebenden Vögel. Höchste Siedlungsdichten erreichen Hausrotschwänze heute in Neubaugebieten. Grund dafür sind die dort (noch) offenen Böden (für die Futtersuche) und (oft nur vorübergehend) geeignete Nistplätze. Künstliche Nischen in Form entsprechender Nistkästen werden gerne angenommen (siehe auch Seite 136).

Mauersegler und Schwalben

Beziehungen mit Tradition

Mauersegler und Schwalben haben von der wissenschaftlichen Systematik her nur wenig gemeinsam. Sie sind Vertreter unterschiedlicher Vogelordnungen, passten sich aber im Laufe ihrer Entwicklung in ähnlicher Weise dem Leben im Luftraum an und profitierten gleichermaßen schon früh von den menschlichen Siedlungen.

So boten Häuser und Viehhaltungen Rauch- und Mehlschwalben neue Brut- und Jagdmöglichkeiten. Während die Rauchschwalbe ihr Viertelkugelnest bevorzugt in belegten Viehställen baut – und mit dem Rückzug der Landwirtschaft aus den Städten dort wieder rarer wurde –, brütet die Mehlschwalbe gerne in Kolonien unter Dachüberhängen und Vorsprüngen von Hauswänden bis hinein in die Innenstädte. Bevor der Mensch Häuser baute, musste sie sich vorspringende Felsen für ihre viertelkugeligen Lehmnester suchen.

Ursprüngliche Brutplätze des Mauerseglers sind Löcher und Spalten an Klippen und Felswänden, wohl auch Baumhöhlen. Entsprechende Nistmöglichkeiten bieten Gebäude mit Mauerlöchern oder dunklen Hohlräumen, freier Anflug und eine Höhe von etlichen Metern vorausgesetzt.

Als ausschließliche Insektenfresser finden Schwalben und Mauersegler bei uns nur in der warmen Jahreszeit ihr Auskommen. Das Sommergastspiel der Mauersegler an ihren Brutplätzen ist mit 90 bis 100 Tagen besonders kurz. Diese Zeit reicht gerade für die Aufzucht einer Brut. Schwalben tauchen dagegen ab Mitte April bei uns auf, um uns spätestens im Oktober wieder zu verlassen.

Während Schwalben zwar oft an ihren Geburtsort, nicht jedoch immer an den Platz ihrer Aufzucht zurückkehren, haben Mauersegler eine besonders enge Bindung an ihre Nistplätze. Die kurze Aufenthaltsdauer im Brutgebiet lässt ihnen kaum Zeit für eine erneute Nistplatzsuche. Deshalb ist es für die Mauersegler besonders fatal, wenn sie nach ihrer Rückkunft aus Afrika, wo sie den Winter verbringen, ihre traditionell genutzten Brutplätze durch zwischenzeitliche Sanierungsmaßnahmen an den Gebäuden nicht mehr vorfinden.

Bti – längst nicht nur harmlos

Seit fast 30 Jahren wird das Bakterium *Bacillus thuringiensis israelensis,* kurz Bti, hierzulande wie in den USA und in Westafrika zur Bekämpfung von Stechmücken eingesetzt. Lange galt dieses Mikrobiozid als beste Alternative zu chemischen Pestiziden. Bei uns findet es deshalb besonders häufig Anwendung im Umfeld von Städten, die nahe an stechmückenreichen Flussgebieten liegen.

Französische Wissenschaftler konnten inzwischen den Nachweis erbringen, dass Bti weitreichende Auswirkungen auf die gesamte Nahrungskette hat. In den Untersuchungsgebieten in der Camarque, in denen Bti eingesetzt wurde, brachen die Populationen der Mehlschwalbe deutlich ein. Sowohl die Gelegegröße wie auch die Überlebensrate der Jungen war deutlich geringer als in den nicht mit dem Mikrobiozid behandelten Vergleichsgebieten. Statt durchschnittlich 3,2 Jungen pro Brut flogen in den Bti-Gebieten im Schnitt nur 2,3 Jungvögel aus. Als Ursache für die Abnahme identifizierten die Forscher das geringere Mückenangebot in den Bti-Gebieten. Durch die Anwendung von Bti änderte sich für die Mehlschwalben sowohl die Nahrungszusammensetzung als auch die Beutetiergröße drastisch: Während Mücken, Libellen und Spinnen in der Mehlschwalben-Nahrung abnahmen, wurden häufiger die nur periodisch zur Hochzeit fliegenden Ameisen erbeutet.

Mauersegler sind – außer den Stadttauben – die wohl auffälligsten und bekanntesten echten Wildvögel der Innenstädte, auch wenn sie von vielen Menschen mit Schwalben verwechselt werden. In Trupps jagen die Luftakrobaten von Anfang Mai bis Ende Juli entlang von Straßen und um die Häuser. Im Geradeausflug erreichen sie Geschwindigkeiten von bis zu 180, im Sturzflug sogar über 200 Kilometer je Stunde.

Bis auf einen hellen Kehlfleck sind Mauersegler rußschwarz bis bräunlich schwarz gefärbt. Ihre sichelförmigen Flügel überragen beim Sitzen den kurzen Gabelschwanz. Wobei Mauersegler praktisch nur am Brutplatz sitzen. Nur während der Brutzeit haben sie Bodenberührung mit ihren kurzen Beinen, die ihnen – weil so unscheinbar – den zoologischen Namen *Apus apus* (»Der ohne Füße«) einbrachten. Ihre Füße mit den vier nach vorn gerichteten Zehen, die gespreizt von außen nach innen greifen, ermöglichen ihnen, sogar an glatten Wänden zu klettern und sich an diesen festzuhalten.

Beim Jagen, auf dem Zug und während des Winters in Afrika sind Mauersegler ständig in der Luft. Dort schlafen sie, indem sie in höhere Luftschichten aufsteigen, und dort kopulieren sie auch. Die extrem knappe Zeit, die sie im Sommer hierzulande verbringen, reicht meist gerade nur für Ausbesserungsarbeiten des Nestes am bewährten Brutplatz, das Legen von zwei bis drei Eiern, das knapp dreiwöchige Bebrüten und die durchschnittlich sechswöchige Jungenaufzucht. Als Nistmaterial dient alles, was in der Luft herumwirbelt, von Knospenhüllen über Federchen bis zu Grashalmen. Mit Speichel am Brutplatz zu einem flachen Ring zusammengeklebt, verhindert diese Nestmulde, dass die Eier wegrollen.

Die Fluginsektennahrung wird in der Luft gesammelt, zu Pellets geformt und den hungrigen Jungseglern als Riesenbrocken in den Rachen geschoben. Wenn sich die Insekten in sommerlichen Kälteperioden verkriechen, verlassen die Altvögel gelegentlich aus Nahrungsmangel die Brutregion. Kurzzeitig können die Nestjungen diese Phase durch eine Ruhestarre (Torpor) überstehen. Dauert sie länger als ein bis zwei Wochen, kommt es unausweichlich zu Brutausfällen.

Wenn junge Mauersegler das erste Mal aus Afrika in unsere Städte zurückkommen, sind sie ein knappes Jahr alt, noch nicht geschlechtsreif und suchen Anschluss an eine bestehende Kolonie. Ehe die Vögel allerdings einen freien Brutplatz finden oder sich Wohnraum erkämpfen können, vergehen bisweilen Jahre. In den Morgen- und Abendstunden vollführen die Nichtbrüter unter den Mauerseglern oft Flugspiele und umkreisen in Gruppen aus zehn bis 30 Tieren laut rufend die Gebäude, in denen sich besetzte Nistplätze befinden. Viele Segler sind drei, vier oder fünf Jahre alt, wenn sie zum ersten Mal brüten.

Die Wohnraumbedingungen für Mauersegler haben sich in den letzten Jahren in unseren Städten spürbar verschlechtert. Beim Abbruch oder bei Renovierungen alter Gebäude, insbesondere bei Maßnahmen zur Wärmedämmung, gingen viele Brutplätze verloren. Gebäude neuerer Bauart weisen dagegen nur selten geeignete Schlupfwinkel auf. Obwohl die Segler wie kaum eine zweite Vogelart an ein Stadtleben angepasst sind, schien der Niedergang der mitteleuropäisch-afrikanischen Weltbürger in vielen Städten unaufhaltsam.

Gegen diesen Trend stemmen sich seit Jahren engagierte Naturschützer. Als der Mauersegler 2003 »Vogel des Jahres« war, gründeten sich auch verbandsübergreifend »Segler-Initiativen«. Das Ziel der Vogelschützer war und ist, Mauersegler-Nistplätze in ihren Stadtgebieten zu erfassen, zu erhalten und gleichzeitig neuen Wohnraum für die Flugkünstler bereitzustellen. Zum Beispiel in Frankfurt am Main: Über 1000 Mauersegler-Nistplätze wurden dort seither an mehr als 150 Gebäuden in den verschiedenen Stadtteilen eingerichtet. Darunter Schulen, Firmengebäude, Hochhäuser, Weltkriegsbunker, Industriedenkmale und ehemalige Trafohäuser sowie zahlreiche Mehrfamilienwohnhäuser. Die Mauersegler-Kastenquartiere werden in Frankfurt hauptsächlich aus Mitgliedsbeiträgen der Naturschutzverbände BUND und NABU sowie aus Spenden finanziert. Hauptlieferant dieser Nistkästen ist seit Jahren eine Werkstatt für Behinderte im Vogelsberg, die qualitativ hochwertige Holzkästen anfertigt. Die für Mauersegler besten Lösungen sind allerdings Einbauten in Simskästen oder Traufkästen unter den Dachrinnen, indem diese Hohlräume gekammert und durch Einflugöffnungen für die Segler zugängig gemacht werden. Dies sind traditionell die Orte, an denen die Tiere bevorzugt nach Nisthöhlen suchen.

Wichtig für die Frankfurter Segler-Initiative ist auch die enge Zusammenarbeit mit der Deutschen Gesellschaft für Mauersegler e. V., die unter tierärztlicher Leitung zusammen mit vielen ehrenamtlichen Helfern eine weit über die Frankfurter Stadtgrenzen hinaus bekannte Mauerseglerstation unterhält. Seit 1994 wurden von der Station über 8000 aus Nestern gefallene und verletzte Mauersegler tierärztlich versorgt. Rund 80 Prozent der jährlich »eingelieferten« Tiere können als wieder »geheilt«, das heißt flugfähig, in die Freiheit entlassen werden. Die Hauptakteure der Frankfurter Segler-Initiative suchen ständig Helfer mit und ohne handwerkliche Fertigkeiten. Vor allem sind auch Beobachter willkommen, die Informationen über Baumaßnahmen an Gebäuden und vorhandene Mauersegler-Nistplätze aus den einzelnen Stadtteilen Frankfurts an die

Akteure weitergeben. Dadurch wird die Mauerseglerhilfe noch effizienter. Von dieser und ähnlichen »Großinitiativen« sollten wir uns nicht abschrecken lassen. Auch als Einzelperson können wir im Mauerseglerschutz tätig werden. Schon mit dem Anbringen eines Mauersegler-Kastens oder weniger Kästen ist den Luftjägern geholfen.

Am liebsten brüten Mauersegler in Gebäudenischen unter Dächern. Da sie äußerst brutplatztreu sind, ist es nicht einfach, die Dauerflieger selbst bei Wohnungsnot auf unser Angebot in Form von Mauersegler-Kästen aufmerksam zu machen. Wenn wir aber diese Neubauten im Sommer bei schönem Wetter morgens und abends mit Mauersegler-Rufen von einer CD beschallen, werden nicht verpaarte Segler, die in Trupps herumvagabundieren, auf das Wohnungsangebot aufmerksam, inspizieren die Kästen und ziehen noch im gleichen oder kommenden Jahr darin ein. Sind sie erst einmal eingezogen, kommen die Segler danach immer wieder. Auf Seite 142 finden Sie eine Bauanleitung für einen Mauersegler-Kasten.

Mehlschwalben als Hausbesetzer von Mauersegler-Kästen

Die Mitglieder des BUND-Bezirksverbandes Stromberg-Neckartal staunten nicht schlecht: Als sie im Juni 2006 in Besigheim die fünf Mauersegler-Holzkästen an einem Fachwerkhaus kontrollierten, die sie im Rahmen eines seit Jahren laufenden Mauerseglerschutzprojektes in etwa zehn Meter Höhe angebracht hatten, waren drei der Kästen von Mehlschwalben besetzt. Und zwar erfolgreich! Die jungen Mehlschwalben waren schon kurz vor dem Ausfliegen und schauten aus den ovalen Einfluglöchern ihrer für »Familie Mauersegler« gebauten Wohnungen.

Bekannt ist, dass Mehlschwalben gelegentlich ihre Nester an recht ungewöhnlichen Orten anlegen und sogar frei brüten können. Die Hausbesetzung von Mauersegler-Kästen war dagegen bislang unbekannt. Mehlschwalben brüten normalerweise dort erfolgreich, wo sie neben geeigneten Nistmöglichkeiten ausreichend Nahrung finden. Im Fall Besigheim passte wohl die Nistplatzlage zu den Nahrungsmöglichkeiten, es fehlte aber wohl an Lehmpfützen in der Nachbarschaft zum Selbstbau einer artgerechten Schwalbenwohnung.

Im Gegensatz zu den Mauerseglern, die Hohlräume für den Nestbau benötigen, bauen sich Mehlschwalben ihre Höhlungen in Form von aus Lehmklümpchen zusammengesetzten Viertelkugelnestern selbst. Senkrechte Wände unter natürlichen oder unter künstlichen Überhängen, zum Beispiel Felsvorsprünge, im Siedlungsraum Dachtraufen, Dachränder oder Toreinfahrten, sind die geeigneten Nestbauorte. Nester außerhalb von menschlichen Siedlungen, etwa an isolierten Bauwerken wie Betonbrücken, sind selten. Sofern es bereits vorhandene Nester gibt, werden diese von den Mehlschwalben bevorzugt bezogen. Voraussetzung für den Nestbau ist, dass der als Baumaterial verwendete Lehm unmittelbar an der Nistwand haftet. Anders als die Rauchschwalbe errichtet die Mehlschwalbe ihr Nest nur in Ausnahmefällen innerhalb von Gebäuden. Mit Kunstnestern aus Holzbeton, die über den Fachhandel zu beziehen sind, lassen sich die Vögel ansiedeln.

Mehlschwalben brüten sogar in Innenstädten. Ihre Viertelkugelnester aus Lehm kleben sie an Hauswände meist direkt unter Dachüberständen.

Für Hausbesitzer und Hausverwaltungen ist der Schwalbenkot oft ein Ärgernis. Insbesondere dann, wenn dadurch Hauswände verschmutzt werden. Nicht selten wird dann zur »Selbsthilfe« gegriffen, indem Schwalbennester durch Abschlagen illegal entfernt werden. Der richtige Weg ist das Anbringen von Kotbrettern unterhalb der Schwalbennester. Damit der Kot nicht auf die Hauseingänge oder Fensterbänke fällt oder Hauswände verschmutzen kann, sollte ein 20 Zentimeter breites Brett etwa 50 Zentimeter unterhalb der Nester (damit sich keine Nesträuber bedienen können) an die Hauswand geschraubt werden. Nach Abzug der Schwalben im Frühherbst kann mit einer Teleskopstange, an deren Ende rechtwinklig ein Schieber angebracht ist, die Reinigung des Bretts erfolgen. Ist das Brett auf rechtwinklige Stützen geschraubt, kann es auch abgenommen und am Boden gereinigt werden.

Der Haussperling

Ein Invasor aus der Steppe

Wer neben seinem Hauptnamen einen abgekürzten Zweitnamen oder Rufnamen trägt, ist populär. So geht es dem Haussperling, auch einfach »Spatz« genannt. »Die Spatzen pfeifen es von den Dächern« – dieses ebenso bekannte Sprichwort will sagen, dass eine vertrauliche Sache schon längst kein Geheimnis mehr ist, sondern bereits über viele Münder verbreitet wurde. Und es zeigt uns, dass Spatzen, Pardon Haussperlinge, praktisch überall im Siedlungsraum anzutreffen sind. Und zwar immer in Vielzahl und ständig geschwätzig. Diese Charakterisierung traf zumindest früher zu. Im Gefolge der Menschen schafften Haussperlinge den Sprung aus den Steppen Asiens zuerst nach Europa und schließlich über die ganze Welt. Im Gegensatz zu den Feldsperlingen lassen sich Haussperlinge nur in bewohnten Siedlungen nieder. Als Anpassungskünstler nisten sie zum Beispiel in Nischen in der Wand unter Hausdächern und versorgen sich von den Abfällen der Straße oder partizipieren am Futterangebot für das Geflügel im Dorf oder für die Zoovögel in der Stadt. Ziehen die Menschen weg, verschwinden mit ihnen auch die Sperlinge. Dass sie zu den Webervögeln zählen, zeigt nicht nur ihr Hang zur Geselligkeit. Ihre Nester bauen sie zwar eher liederlich, aber sie überdachen sie kugelig mit Nistmaterial. Sperlinge brüten gern in Kolonien und übernachten außerhalb der Brutzeit oft in Schwärmen inmitten von Städten.

Alles andere als ein »Dreckspatz«

Wohl viele von uns wurden in der Kindheit als »Dreckspatz« tituliert, wenn sie vom Spielen verschmutzt nach Hause kamen. Vorbild für diesen Vergleich sind die Spatzen, die gerne und ausgiebig im Staub der Straßenränder ihr Bad nehmen. Wobei dies tatsächlich gar nichts mit Schmutzigmachen, sondern mit Reinlichkeitsverhalten und Hygiene zu tun hat. Auch hierbei, wie bei der Futtersuche oder dem Übernachten, erscheint ein Spatz selten allein, sondern bevorzugt in lärmender, tschilpender Gesellschaft.

Der Haussperling galt früher wie sein enger Verwandter, der Feldsperling, als Getreideschädling, er wurde zum »Volksfeind« deklariert und durch Massenfallen und Giftweizen intensiv bekämpft. Doch diese Maßnahmen trafen die Spatzen letztlich weniger, als es der Entzug ihrer Nahrungsbasis durch das Verschwinden der kleinbäuerlichen Landwirtschaft mit ihrer extensiven Viehhaltung und die Verstädterung der Dörfer in der Fläche vermochten. Aus dem Aufruf zur Bekämpfung des »Volksfeindes« – weil Nahrungskonkurrent des Menschen – wurde eine Kampagne »Mehr Platz für den Spatz«.

Haussperlinge sind fast immer in Trupps unterwegs und dort, wo etwas Fressbares zu finden ist.

Zwar haben Haussperlinge immer noch ihren festen Sitz bei uns, vor allem auch in den größeren Städten. (Nist-)Plätze, an denen sie in Brutkolonien ihre Jungen großziehen können und in deren Umfeld noch ausreichend viel Nahrung für sie vorhanden ist, sind allerdings so häufig nicht mehr. Haussperlingen kann geholfen werden, wenn Nischen und Mauerspalten als Nistmöglichkeiten bei Gebäudesanierungen erhalten bleiben, Fassaden begrünt werden, Hecken und Bäume erhalten und neu angepflanzt werden. An Gebäuden, die keine Nischen und Hohlräume aufweisen, können Nistmöglichkeiten in Form von Nistkästen geschaffen werden. Auf Seite 145 finden Sie eine Bauanleitung für ein Spatzenhaus.

Spatzen sind auch während der Brutzeit sehr gesellig. Sie legen ihre Nester in Löchern aller Art, seltener als Kugelnester in Bäumen, gerne in Nistkästen an. Legebeginn ist Mitte April, in zwei bis drei Jahresbruten bebrüten die Vögel jeweils vier bis sechs Eier. Beide Partner brüten elf bis 13 Tage und füttern die Jungen 13 bis 16 Tage im Nest. Ihr typischer, bekannter Ruf ist das Tschilpen, der Gesang setzt sich aus einer langen Reihe von Tschilp-Lauten zusammen.

Schutz vor Vogeltod an Glasscheiben

Glasscheiben, zum Beispiel Fensterscheiben, sind für Vögel völlig durchsichtig oder nicht als Hindernisse erkennbar, wenn sich Bäume und Büsche der Umgebung in ihnen spiegeln. Besonders häufig verunfallen Vögel an den Scheiben von Wintergärten, an den großen Glasscheiben von Terrassentüren und an verglasten Bürogebäuden. Durch Aufprall beim Flug kommen die Vögel an den Glasscheiben zu Tode. Inzwischen hat sich herumgesprochen, dass das Bekleben unfallträchtiger Scheiben mit Greifvogelsilhouetten oft nicht den gewünschten Erfolg bringt. Besser ist es, Jalousien vor den Glasscheiben anzubringen, innen dichte Vorhänge aufzuhängen oder weiße Klebestreifen, die Spiegelungen vermeiden, in engen Abständen auf den Scheiben anzubringen, um diese so als Hindernisse erkennbar zu machen. Neue und preiswerte Alternative ist ein Filzstift (»birdpen«), mit dem nach dem Fensterputzen nur für Vögel sichtbare Ultraviolett-Markierungen streifig und im engen Abstand auf die Außenseite der Scheibe aufgebracht werden.

Wenn wir für Spatzen und andere Singvögeln besonderen Komfort schaffen wollen, können wir ihnen noch einen Federspender anbieten: Viele Höhlenbrüter nutzen zum Innenausbau ihrer Nester gerne Federn als Polsterung und Wärmeschutz. Während sie diese früher reichlich auf Hühnerhöfen fanden, bieten sich heute unsere ausgedienten Bettfedern und Kissenfedern, in einen Drahtkorb gesteckt und an einen Ast gehängt oder auf ein Flachdach gestellt, als ergiebiger Ersatz an. Schon bald werden wir Spatzen und andere Kleinvögel mit unseren Bettfedern in den Schnäbeln zu ihren Nistplätzen fliegen sehen.

Der Grauschnäpper

Sein Name ist Programm

Grauschnäpper zählen zu den unauffälligsten Vögeln um uns. Ihr leiser Gesang wird leicht überhört und obwohl viele von ihnen im Siedlungsraum brüten, fallen die unauffällig graubraunen Vögel mit dem großen Kopf und schwarz hervorstechenden Augen den wenigsten Menschen auf. Höchstens durch ihre eleganten Flugjagden werden wir auf sie aufmerksam. Von exponierten Sitzwarten aus halten sie nach Insekten Ausschau, um die Beute nach kurzer Verfolgung mit schnellen Wendungen oder in der Luft rüttelnd zu »schnappen«.

Bis zu 20 000 Kilometer bewältigt der Grauschnäpper auf seinem Flug in die afrikanischen Winterquartiere und für die Rückkehr, um brutorttreu bei uns oft an der gleichen Stelle wie im Vorjahr sein Nest zu errichten, das sich in Halbhöhlen und Nischen an Gebäuden findet. Als Brutplätze dienen den Kleinvögeln Dachvorsprünge, Mauernischen, Fassadenbegrünungen oder Halbhöhlen-Kästen. Nistplätze können aber auch Blumenampeln, Balkonkästen, Vogelfutterhäuschen oder alte Schwalbennester sein. Selbst diese kurios erscheinenden Nistplätze werden – es lebe die Tradition! – sogar über Jahre hinweg genutzt.

Die Amsel

Vom Wald in die Stadt

Zu den häufigsten und uns sehr vertrauten Vogelgestalten rund ums Haus und im Garten zählt heute die Amsel. Noch im 19. Jahrhundert galt sie bei uns als scheuer Waldvogel. Als Weichfutterfresserin ernährt sie sich im Frühjahr und Sommer hauptsächlich von Würmern und Bodeninsekten und verlegt sich im Herbst und Winter aufs Beerensammeln. Wie jeder leicht beobachten kann, suchen Amseln lieber am Boden als im Geäst der Bäume nach Nahrung. Die getrimmten Rasen unserer Gärten und Parks bescheren den Amseln ideale Bedingungen für ihre Suche nach Regenwürmern. Womit die Amsel heute zu den am häufigsten zu beobachtenden Vögeln in der Stadt zählt. Hilfreich ist es für Amseln, wenn möglichst früh im Jahr eine Paarbindung zustande kommt und daraus ein früher Fortpflanzungserfolg mit möglichst vielen Bruten hintereinander resultiert. Morgens und in den Abendstunden ist ihr melodischer Gesang, oft von einer Baumspitze oder einem Dach herunter vorgetragen, besonders intensiv. Die schwarzen Männchen mit ihren kräftig gelben Schnäbeln und schmalen, gleichfarbenen Augenringen und ihre bräunlichen, unscheinbareren Weibchen sind uns vertraute Vogelgestalten.

Die Weibchen der Freibrüter bauen alleine in zwei bis fünf Tagen die Napfnester auf festen Unterlagen, in der Stadt nicht selten auch an und in Gebäuden. Stadtamseln neigen eher zum Überwintern auch in der Stadt als ihre Artgenossen im Wald, die über kurze Strecken ziehen.

Bei Amseln trägt das Männchen Schwarz, das Weibchen Dunkelbraun.

Kunstlicht macht »frühreif«

Kunstlicht, von dem in der Stadt eine Menge vorhanden ist, kann bereits in geringer Dosierung den Hormonhaushalt verändern. Wie sich an Amseln zeigte, reicht bereits eine geringe Lichtstärke aus, um ihren Jahresrhythmus zu verändern. Der Testosteronspiegel steigt und der »innere Kalender« verschiebt sich nach vorne. Stadtamseln singen früher im Jahr und mausern auch früher als ihre Verwandtschaft vom Lande. Wenn man gefangene Stadtamseln und Waldamseln über einen zehnmonatigen Zeitraum nachts einer Beleuchtungsstärke von 0,3 Lux aussetzte, was etwa einer hellen Vollmondnacht entspricht, begannen sie eine Stunde früher als üblich mit dem Gesang und waren jahreszeitlich relativ früher fortpflanzungsbereit.

Viele Vögel passen ihren Gesang in Lautstärke und teilweise zusätzlich Tonhöhe der Intensität der Umgebungsgeräusche an. Die Nachtigall wählt als Singwarte in der Regel geschütztere Orte als hier im Bild gezeigt. Auch sie ist eine Anpassungskünstlerin in der Stadt.

Anpassungen an die Geräuschbelastung in der Stadt

Um sich mit ihrem Gesang gegen die zunehmende Geräuschbelastung in der Stadt durchzusetzen, haben Vögel unterschiedliche Strategien entwickelt. Viele Stadtvögel wählen beim Singen eine höhere Tonlage, um sich so besser vom tieftonigen Straßenverkehr abzuheben. Forscher des Max-Planck-Instituts für Ornithologie in Seewiesen untersuchten daraufhin die Gesänge von Stadtamseln und Waldamseln. Beim Vergleich der Gesänge fanden sie heraus, dass Stadtamseln auch noch lauter sangen. Durch die größere Lautstärke verschaffen sie sich in der Geräuschkulisse der Stadt zusätzlich besser Gehör als allein durch Anhebung der Tonlage.

Dänische Forscher konnten außerdem zeigen, dass sich nicht nur der Geräuschpegel der Rushhour in Lautstärken und Tonlagen der Gesänge von Amseln und Kohlmeisen niederschlägt. Auch die physikalische Struktur – also die Architektur – von Straßenschluchten, Gassen und Skyline beeinflusst wie in einem Konzertsaal die Übertragung des Schalls. Dort, wo der »Konzertsaaleffekt« auftritt, können die Vögel besser gehört und damit auch »erhört« werden.

Und noch eine Erkenntnis: Tief singende Kohlmeisen-Männchen werden weniger oft von ihren Weibchen betrogen. Höher singende Männchen werden wegen des Straßenlärms dagegen eher gehört. Ein echtes Dilemma: Man(n) wird besser gehört, dafür aber auch eher betrogen!

Luftiger Lebensraum an hohen Gebäuden

An Kirchtürmen, Industrieschornsteinen und hohen Gebäuden fühlen sich Vogelarten heimisch, deren ideale natürliche Brutplätze Simse und Nischen an höheren Felsen sind. Von dort aus haben Wanderfalke und Turmfalke zugleich einen günstigen Ausblick auf ihr luftiges Jagdrevier.

Der Wanderfalke

Totgesagte leben länger

Die Zeiten sind längst vorbei, in denen Wanderfalken weltweit durch die Belastung mit hochgiftigem DDT oder Lindan und zusätzlich durch direkte Verfolgung und illegale Entnahme von Jungvögeln aus den Nestern (Aushorstung) am Rande der Ausrottung standen. Anfang der 1970er-Jahre war unser größter Falke auch in Deutschland nördlich der Mainlinie ausgestorben. In den Felsregionen Süddeutschlands hatten sich als klägliche Reste nur noch 25 bis 30 Brutpaare halten können, die von Wanderfalkenschützern praktisch rund um die Uhr bewacht wurden. Durch das erfolgreiche Abstellen der Rückgangsursachen, verbunden mit Auswilderungsprogrammen, dem Bereitstellen von Nistmöglichkeiten und dem Schutz der Brutplätze, konnten sich die Bestände erholen. Wanderfalken sind inzwischen bei uns überwiegend Gebäudebrüter auf hohen Türmen, Kirchen, Brücken von Autobahnen und Bahnlinien, Strommasten, Hochhäusern und Schornsteinen von Industrieanlagen.

In einer Jahresbrut bebrütet überwiegend das Weibchen ab Ende März oder Anfang April 33 bis 39 Tage die drei bis vier Eier. Das Männchen versorgt seine deutlich größere Partnerin in dieser Zeit mit Nahrung, die vor allem aus Tauben, Krähen und Drosseln besteht. Während der Vogelzugzeiten schlagen die spezialisierten Vogeljäger auch Schwarmvögel wie Stare und Finken sowie Limikolen (Regenpfeiferartige, Watvögel).

Der über taubengroße Wanderfalke ist von gedrungener Gestalt und mit langen, spitzen Flügeln ausgestattet, die ihm als rasantem Flugjäger eine Geschwindigkeit von über 300 Kilometer je Stunde ermöglichen, wenn er im Sturzflug in der Luft auf seine Beute niederstößt. Die dunkelblaugraue Oberseite, die weißliche Unterseite mit der schwarzen Querbänderung und beidseitig ein breiter schwarzer Backenstreif, der die Kehle von den Wangen absetzt, sind weitere Erkennungsmerkmale. Am Brutplatz geben Wanderfalken klagende Laute wie »gäääi«, auch »Lahnen« genannt, von sich. Bei der Beuteübergabe und der Brutablösung lassen sie schnarchende Laute hören. 33 bis 40 Tage bleiben die Jungen im Nest, das Wanderfalken nie selbst bauen. Sie nutzen immer vorhandene Brutmöglichkeiten wie Nischen an Gebäuden und Felswänden, alte Krähennester in hohen Masten von Hochspannungsfreileitungen sowie gerne auch Nistkästen. Die wenigen Baumbrüter unter den Wanderfalken in Nordostdeutschland sind eine eigene Population, die das Brüten in von anderen Großvögeln gebauten Nestern auf Bäumen als besondere Tradition in den felsfreien – und früher auch weitgehend gebäudearmen – Regionen weitergibt. Nach der Nestlingsphase schließt sich eine vierwöchige Bettelflugphase der Jungfalken an, in der sie von den Eltern weiterhin mit Nahrung versorgt werden. In dieser Zeit kommt es regelmäßig zu Unfällen der frisch ausgeflogenen Jungvögel, zum Beispiel im Straßenverkehr. Auch fällt mancher Jungvogel, der sich einen zu offenen Schlafplatz ausgesucht hat, dem Uhu zum Opfer.

Die vor allem durch die vielen Stadttauben über Jahre stabile Nahrungsbasis und die Störungsarmut an ihren Brutplätzen in der Stadt bringen städtischen Wanderfalken viele Vorteile. Durch den hohen Bruterfolg wird die Tendenz zum Gebäudebrüten noch verstärkt. Wenn Bruthilfen für Wanderfalken installiert werden sollen (siehe auch Seite 134), sind Erfahrungen der Wanderfalkenschützer bei der Auswahl des Brutplatzes und der Gestaltung der Bruthilfen gefragt. So lassen sich durch die wohl überlegte Wahl des Brutplatzes zum Beispiel Anflugverluste von Jungfalken an verspiegelten Glasfassaden von Nachbargebäuden vermeiden. Außerdem ist darauf zu achten, dass die Jungvögel nicht inmitten stark befahrener Straßen landen müssen und dort nicht mehr von den Eltern versorgt werden können oder dass die Jungfalken nicht in Kühlwasserbecken eines Kraftwerks ertrinken. Auch sollten die Nistkästen nicht höher als 50 bis 80 Meter über Grund angebracht werden, da sonst bei ungünstiger Witterung oder fehlender Thermik das Beuteeintragen der Altvögel zu energieaufwendig wird. Die Jungvögel sollten die ausreichend großen Nisthilfen laufend oder flatternd verlassen können, um im engeren Brutbereich sichere Sitz- und Ruheplätze zu nutzen. Auch muss bei der Standortwahl darauf geachtet werden, dass Betriebsabläufe nicht durch die Brut gestört werden oder technische Kontrollen des Bauwerks am Nistplatz nicht in der Brutzeit erforderlich sind. Dank solch professionellem Vorgehen ziehen zum Beispiel in Frankfurt am Main – der heimlichen Wanderfalkenhauptstadt Deutschlands – alljährlich etwa zehn Paare ihre Jungen groß und tummeln sich in den Hochhausschluchten von Hamburg bis Berlin weitere Paare. Wobei natürlich nicht alle ihre Jungen auf kulturgeschichtlich solch bedeutsamen Bauwerken großziehen wie die Kölner Domfalken.

Der Wanderfalke: Erfolgreich konnte er in Städten auf dem Gesims hoher Gebäude anstelle von Felsen und Steinbruchwänden »Fuß« fassen.

Ein Kommen und Gehen

Auch unter Stadtvögeln gibt es ein Kommen und Gehen der Arten. So ist die Türkentaube erst nach dem Zweiten Weltkrieg nach Mitteleuropa eingewandert. Ihr ursprüngliches Herkunftsgebiet reicht von der Türkei bis nach Japan. Sie brütet fast ausschließlich im Siedlungsbereich. Zu »Städtern« entwickeln sich gegenwärtig mit steigender Tendenz Wanderfalke, Buntspecht, Sperber, Habicht, Uhu und Graureiher. Während Wanderfalken zu Gebäudebrütern großer Beliebtheit wurden, werden Buntspechte weniger gern an Bauwerken gesehen. Die Holzbearbeiter richten gelegentlich an außen wärmegedämmten Gebäuden erhebliche Schäden an und bereiten dort sogar Nistmöglichkeiten für eine Papageienart, den Halsbandsittich, als echten Neubürger vor! Dagegen haben Steinsperlinge als nahe Verwandte des Haussperlings ihr mitteleuropäisches Brutgebiet in Dörfern und Städten spätestens seit Mitte des 20. Jahrhunderts gänzlich verlassen und sind komplett nach Süden verzogen. Neben menschlicher Verfolgung ist ihr Gehen hauptsächlich der zunehmenden Nistplatzkonkurrenz mit Staren und Haussperlingen und vor allem wohl auch den kühleren und feuchteren Sommern bei uns geschuldet.

So lange schon ist der Rütteljäger Turmfalke (hier ein Weibchen) zum Brüten in Nischen von Türmen zu Hause, dass man ihm dafür seinen Namen verlieh.

Der Turmfalke

Rütteljäger im Kurzporträt

Wegen seiner charakteristischen Jagdweise wird der Turmfalke auch »Rüttelfalke« genannt. So späht er, mit heftigen Flügelschlägen und breit gefächertem Schwanz in der Luft stehend, nach seiner Mäusebeute am Boden. Geschickt nutzt der kleine Falke dabei Auf- und Gegenwinde, um sich möglichst ruhig in der Luft zu halten. Sein wissenschaftlicher Nachname *tinnunculus* bedeutet »schellend, klingend«, was seine hohen »kikiki«-Rufe recht gut umschreibt. Nistkästen und alte Krähen- und Elsternnester sind seine Brutplätze. Die Stadtluft ist den Turmfalken wohl vertraut. Das zeigt ihr regelmäßiges und oft recht zahlreiches Vorkommen in Städten. Weil geeignete Bruthabitate wie Kirchtürme, Schornsteine von Industrieanlagen und andere hohe Gebäude mitten in Städten nicht immer gute Nahrungshabitate sind, fliegen städtische Turmfalken nicht selten täglich bis fünf Kilometer weit weg, um auf offenen, kurzrasigen Flächen auf Mäusejagd zu gehen.

An und in geeigneten Gebäuden können Turmfalken-Nistkästen angebracht werden, die, um Gedränge zu vermeiden, für die fünf bis sechs Jungvögel einer Brut einen ausreichend großen Innenraum von 60 cm × 35 cm × 35 cm (Breite × Tiefe × Höhe) und ein 16 cm × 16 cm großes Flugloch aufweisen sollten. Ein davor angeschraubtes Brett von 15 cm Tiefe dient als Terrasse zur Nahrungsübergabe oder als sicherer Aufenthaltsort für die noch nicht ganz flüggen Jungvögel.

Die Schleiereule

Seltene Hauseule am Ortsrand

Unter den Eulen suchen vor allem Steinkäuze und Schleiereulen wegen des Brutplatzangebotes die Nähe des Menschen. Allerdings bevorzugen beide Arten aufgrund ihrer Ernährungsweise ein landnahes Leben. Als klassische »Hauseule« bezieht die Schleiereule ihre Brutplätze in Kirchtürmen, in alten Gehöften und Feldscheunen, die jedoch immer seltener werden. Weil die Kulturfolgerin in Mitteleuropa die offenen, baumarmen

Agrarlandschaften mit Siedlungen bewohnt, nutzen Schleiereulen bei uns nur äußerst selten große Baumhöhlen als Brutplätze. Die spezialisierte Mäusejägerin verliert zudem ihre ertragreichsten Jagdgebiete, wenn Wiesen in Äcker umgewandelt werden, Feldraine und Hecken einer maschinengerechten Landschaft zum Opfer fallen. Wieder geöffnete Turmluken und spezielle Nistkästen werden von den nützlichen Untermietern gerne angenommen (siehe auch Seite 134).

Wer bin ich und wie krieg ich dich – dank vogelbuntem Sehen

Vögel können wie wir Menschen Farben sehen. Anderenfalls hätte ihr unterschiedlich gefärbtes Gefieder, das Arten, Geschlechter, Altersklassen und hormonelle Zustände nach außen sichtbar werden lässt, keinen Sinn. Während in unserer Netzhaut drei Zapfentypen für das Farbensehen zuständig sind, besitzen viele Vögel noch einen weiteren Zapfentyp, der speziell auf reflektiertes, für uns unsichtbares ultraviolettes Licht (UV-Licht, etwa 340 Nanometer) reagiert. Welche Farbe Vögel sehen, wenn nur der für UV-Licht zuständige Zapfentyp nicht gereizt wird, bleibt uns möglicherweise für immer verborgen. Wir können diese Farbe mit »vogelbunt« beschreiben. Dagegen ist bekannt, dass zum Beispiel die für uns weiß aussehenden Mistelbeeren UV-Licht absorbieren. Weil dadurch bei den Vögeln der vierte Zapfentyp nicht gereizt wird, sehen sie die für uns weißen Mistelbeeren »vogelbunt«.

Dieses UV-Licht-Sehen hilft den Vögeln zum Beispiel bei der Geschlechterunterscheidung. Vogelfedern reflektieren oder absorbieren UV-Licht in art- und geschlechtsspezifischer Weise. So erkennen für uns gleich aussehende Blaumeisen auf Anhieb untereinander ihr Geschlecht an für uns unsichtbaren Farbunterschieden. Selbst für Arten, deren Gefiederunterschiede auch uns ins Auge springen, wird der Geschlechtsunterschied beim UV-Licht-Sehen deutlich auffälliger.

Turmfalken nutzen ihr UV-Licht-Sehen auch zur Mäusejagd. Weil Mäuse-Urin und -Kot UV-Licht reflektieren und Mäuse ihre oberirdischen Laufwege damit verunreinigen, erkennen die Falken schon aus der Luft, ob dort Mäuse aktuell aktiv sind und es sich daher lohnt, in der Luft rüttelnd auf die Erzeuger der verräterischen Leuchtspuren zu warten.

Der Uhu

Alle Voraussetzungen für einen Stadtbewohner

Uhu

Nach dem Wanderfalken ist auch der Uhu auf erfolgreichem Eroberungsflug in die Stadt. So brütet seit einigen Jahren ein Uhupaar im Dachstuhl des Osnabrücker Doms. Das Paar zeigt wenig Scheu und wird regelmäßig von einer großen Fangemeinde beobachtet. Auch die Hausherren des Doms haben keine Einwände gegen die gefiederten Nutznießer des Gotteshauses. Im Gegenteil: Sie sind erfreut, dass ihre Dom-Uhus als häufigste Beute Tauben nutzen, die sie im Pirschflug meist von den Dächern abgreifen. Als Lieblingsruheplatz haben sich die Uhus den Querbalken eines Kruzifixes an der Wand des Innenhofs ausgewählt, was für Fotografen bislang besonders lohnende Motive ergab. Der Innenhof ist auch Revier eines Elsternpaares, das dort trotz Uhu-Nachbarschaft erfolgreich brütet. Ganz einerlei sind die neuen Nachbarn den Elstern dennoch nicht. Das tun sie durch ihr lautes Schackern und gelegentliches Nähern an das tagsüber dösende Uhu-Männchen kund. Sogar am Gefieder des Fressfeindes wurde gelegentlich gezupft. So als wollte man die Reaktion des gefährlichen Nachbarn austesten oder ihn durch Belästigung langsam vertreiben.

Uhus jagen mit ihrer Flügelspannweite von bis zu 1,80 Metern nicht im Wald, sondern von Natur aus in der offenen Feldflur. Wälder werden nur als Brutplätze oder für die Tagesruhe genutzt. Brutbiologisch sind die größten Eulen zudem sehr flexibel. Die Halbhöhlen- oder Freibrüter nisten in Felswänden, Steinbrüchen und Kiesgruben mit Nischen und Höhlen, in alten Nestern von Greifvögeln und anderen Großvögeln und gelegentlich selbst auf dem Erdboden mit Deckung durch Stämme, Wurzelteller oder Steine. Große Bauwerke mit Fensternischen und Turmöffnungen in der Stadt sind für sie wie Felswände. Ringeltauben, Rabenvögel, Igel, Kaninchen, Wanderratten und Mäuse stehen von Natur aus oben auf ihrem Speiseplan. Davon finden sich in Städten zumindest Straßentauben, Dohlen und Elstern sowie Wanderratten regelmäßig und teilweise in großer Zahl. Dazu sind Uhus an ihren Brutplätzen wenig störanfällig gegenüber lauten Geräuschen und tolerieren auch die menschliche Nähe, wie die vielen erfolgreichen Bruten in aktiv im Abbau befindlichen Steinbrüchen zeigen. Unter diesen Voraussetzungen war es nur eine Frage der Zeit, wann der Uhu zum Stadtbewohner werden sollte.

Uhus führen eine monogame Saisonehe oder Dauerehe und können im Freileben bis 27 Jahre alt werden. In einer Jahresbrut legt das wesentlich größere Weibchen meist zwei bis drei, selten bis fünf Eier im Abstand von drei bis vier Tagen, die es vom ersten Ei an in 33 bis 35 Tagen allein ausbrütet. Nach 30 bis 40 Tagen Nestlingsdauer klettern die Junguhus am Brutplatz umher und sind mit 60 bis 70 Tagen flugfähig. Der Familienverband besteht dann noch zwei bis drei weitere Monate, mitunter ein ganzes Jahr. Durch ein singendes Uhu-Männchen und das rufende Weibchen kann man auf ein Paar aufmerksam werden.

Der Alpensegler

Eine zweite Seglerart fliegt zu uns ein

Der amselgroße Alpensegler ist mit einer Flügelspannweite von über 50 Zentimetern deutlich größer als der uns meist gut bekannte Mauersegler. Im Flug und in ihrem Verhalten sind sich die beiden Artverwandten aber sehr ähnlich. Der auf seiner Oberseite heller graubraune Alpensegler ist vor allem durch seine weiße Kehle, den weißen Bauch und die kürzere Schwanzgabel in der Luft gut vom Mauersegler zu unterscheiden.

Der deutsche Name des Seglers ist in der Tat etwas irreführend. Zwar brüten Alpensegler in Mitteleuropa vor allem in Österreich und in der Schweiz. Dennoch sind die Alpen nicht das Hauptbrutgebiet der Art, die im gesamten Mittelmeerraum und von Kleinasien bis zum Himalaja und Sri Lanka vorkommt. Von der Schweiz haben sich Alpensegler seit 1952 in Freiburg angesiedelt, um danach in jüngster Zeit ihr Brutgebiet über das klimagünstige Rheintal weiter in nördlicher Richtung bis ins südliche Baden-Württemberg auszudehnen. Umherstreifende Nichtbrütertrupps sowie Alpensegler, die wegen Schlechtwetterperioden nordwärts ausweichen, können sogar bis zu den Britischen Inseln und gelegentlich in Mittel- und Norddeutschland beobachtet werden.

Die ursprünglichen Felsenbewohner nutzen in ihren nördlichen Brutgebieten hohe Gebäude in Städten als Brutplätze. Die Nester werden dabei auf Dachböden von Türmen und höheren Gebäuden hauptsächlich unter Dachsparren und -balken am Boden, gelegentlich unter Simsen und in Traufkästen von Dachrinnen, aber auch in Spalten und Nischen alter Gemäuer angelegt. Dachrinnen sind häufig seitlich und unten verbrettert – das ist der Sims beziehungsweise Traufkasten, in den die Segler einschlüpfen können und auf dem Boden ihr Nest platzieren. Das gesamte Nistmaterial – von Pflanzensamen mit Flughaaren über Papierschnipsel bis zu Federchen – wird in der Luft gesammelt, im Kehlsack angefeuchtet und zu einem Ballen geformt dann an der Unterlage am Brutplatz mit dem sich an der Luft erhärtenden Speichel festgeklebt. Die so entstandene Schale wird jahrelang genutzt und kann durch immer neuen Aufbau sieben bis acht Zentimeter hoch werden.

Wo Alpensegler zum Brüten auftauchen, nehmen sie gerne auch Nistkästen an, deren ovales Flugloch 4,5 cm × 10 cm messen sollte. Obwohl sie auch in Einzelkästen nisten, bevorzugen die Koloniebrüter Räumlichkeiten, die gemeinsames Brüten ermöglichen. Die einzelnen Nester liegen dort 50 Zentimeter bis mehrere Meter auseinander. Im Gegensatz zu den sehr eigenwilligen Mauerseglern können mehrere Alpenseglerpaare ein und dasselbe Einflugloch nutzen. Ihre Nistmöglichkeiten sollten in einer Höhe über zehn Meter angebracht werden, denn die schwereren Alpensegler sind nicht so wendig wie ihre Verwandten und brauchen beim Ausflug eine größere »Fallhöhe«.

Die Dohle

Ein Leben lang treu

Die in Größe und Flugbild der Haustaube ähnliche Dohle brütet in Nischen hoher Gebäude oder in Hohlräumen unter Dächern. Das brachte ihr Namen wie »Turmrabe«, »Turmvogel« oder »Dachdohle« ein. Die in beiden Geschlechtern gleich und überwiegend schwarz gefärbten Vögel haben graue Ohrdecken und graue Nacken. Auffallend sind ihre blaugrauen Augen, charakteristisch ihre hell klingenden »Kia«- oder »Kiack«-Rufe. Ihr Nest ist ein großer, mit Erdklumpen durchsetzter Reisighaufen, der mit Polstermaterial aus kleinen Ästchen, feinen Wurzeln, Strohhalmen,

Sanieren ohne Stören

Gebäudebrüter nutzen ihren Brutplatz nur für einen bestimmten Zeitraum im Jahr. Wenn Sanierungen an Gebäuden, an denen solche Vogelarten brüten, anstehen, verbleibt somit meist genügend Zeit, diese Arbeiten durchzuführen, ohne die Vögel zu stören. Bei Vorkommen der folgenden Arten sollten in den angegebenen Zeiträumen auf keinen Fall Gebäudesanierungen durchgeführt werden:

- Mauersegler: von Ende April bis Mitte August
- Dohle: von Mitte Februar bis Ende Juni
- Schleiereule: von Ende Februar bis Mitte August
- Turmfalke: von Anfang April bis Mitte August

Stofffetzen, Papier und Tierhaaren ausgekleidet wird. Die drei bis sechs Eier werden in einer Jahresbrut ab Mitte April in 17 bis 18 Tagen vom Weibchen ausgebrütet, das in dieser Zeit vom Männchen gefüttert wird. Nach gut vier Wochen verlassen die Jungvögel das Nest. Die hochsozialen Tiere bleiben als Paar in der Regel lebenslang zusammen und halten in der Kolonie eine ausgeprägte soziale Rangordnung ein. Dohlen können etwa 20 Jahre alt werden, wobei ihre durchschnittliche Lebenserwartung fast zehn Jahre weniger beträgt.

Handaufgezogene Dohlen werden überaus vertraut und lernen erstaunlich gut, menschliche Stimmen und Geräusche nachzuahmen. Bevor sich Dohlen am Abend zum Schlafen niederlassen, vollführen sie oft noch gruppenweise akrobatische Flugspiele, die uns etwas von ihrer »puren Freude am Leben und an der Gemeinschaft« – letztlich ihrer (sozialen) Intelligenz – erahnen lassen. Es gilt, die Brutplätze der Dohlen in Kirchen, Türmen und auf Parkbäumen, vor allem Platanen, zu erhalten und das Brutplatzangebot durch Nistkästen in und an passenden Gebäuden zu verbessern (siehe auch Seite 137).

Bild links: Dohlen in Städten haben eine lange Tradition.
Deshalb nannte man sie früher auch »Turmraben«.

Begegnungen auf Plätzen und Verkehrswegen

Auf größeren Plätzen sind Stadttauben fast allgegenwärtig. Dort, wo Bäume und Grünstreifen die Straßen säumen, finden sich häufig Elstern, Rabenkrähen und Saatkrähen ein.

Stadttauben

Mythenvögel und Ratten der Lüfte

Stadt- oder Straßentauben haben längst unsere Gebäude als Kunstfelsen besetzt. Sie stammen wie unsere Haustauben von der Felsentaube des Mittelmeerraumes ab und sind ein »Mitbringsel« der Römer. Von vielen Stadtbewohnern als lebendiger Teil ihrer Umwelt geschätzt und gefüttert, bereiten sie Stadtverwaltungen und Hausbesitzern wegen ihrer Hinterlassenschaften Kummer durch hohe Reinigungskosten.

Die Abstammung unserer Haustaube und auch ihrer frei lebenden Form, der Stadttaube, von der eurasisch-afrikanischen Felsentaube gilt heute als gesichert. Schon Charles Darwin konnte die enge Verwandtschaft von Haustaube und Felsentaube durch Kreuzungsexperimente mit verschiedenen Haustaubenrassen nachweisen. Dagegen liegen die Anfänge der Taubendomestikation noch im Dunkeln. Wegen der geringen Größe der Tiere sind Knochenreste von Tauben bei Ausgrabungen äußerst selten. Zudem erschweren die geringen Unterschiede zwischen Wildtauben und Haustauben die archäozoologische Einordnung der Funde. Auch der Weg von der Felsentaube zur Stadttaube ist noch nicht eindeutig geklärt. Eine Hypothese, die Synanthropie-Hypothese, geht davon aus, dass sich Felsentauben als Kulturfolgerinnen freiwillig dem Menschen anschlossen, von dessen Getreideanbau profitierten sowie an und in seinen Gebäuden brüteten. Die Verwilderungshypothese dagegen nimmt an, dass Stadttauben aus entflogenen und vernachlässigten Haustauben entstanden. Möglicherweise sind die heutigen Stadttauben Abkömmlinge von kulturfolgenden Felsentauben und flüchtigen Haustauben. Heute haben bei uns entflogene Brieftauben mit geschätzt über 100 000 Tieren pro Jahr den stärksten Anteil am Zuflug zu Stadttaubenschwärmen.

Die Stadttaube: Ihr Nest aus Zweigen fertigt sie aus unserer Sicht recht liederlich. Wo ihr holziges Material zum Nestbau fehlt, müssen manchmal auch Drahtstücke als Ersatz herhalten.

Als »ehemalige« Felsentauben nutzen Stadttauben alle möglichen Nischen an und in Gebäuden zum Nisten, Ruhen und Schlafen. Sie bilden Fressschwärme, deren Aktionsradien sich bei guter Futtergrundlage auf wenige Hundert Meter im Innenstadtbereich beschränken können. Auch wenn Pflanzensamen, Würmer und kleine Schnecken zu ihrer Nahrung zählen, kommt der größte Nahrungsanteil der Stadttauben vom Menschen, aktiv durch Fütterung und passiv durch liegen gebliebene Nahrungsreste. Ein Domestikationsmerkmal ist ihre ganzjährige Fortpflanzungsbereitschaft. Die in Einehe lebenden Partner teilen sich das Brutgeschäft. Aus drei bis sieben Bruten im Jahr mit je zwei Eiern fliegen im Durchschnitt fünf Jungtauben aus. Natürliche Feinde wie Wanderfalke, Habicht und Sperberweibchen bedienen sich zwar an diesem Nahrungsangebot, ohne dass sie dadurch jedoch zusammen mit Nesträubern wie Krähen, Dohlen, Elstern, Steinmardern, Iltissen, Ratten und Mäusen die Bestände verkleinern könnten.

Erst durch das Wegwerfen von Lebensmitteln und dem Ausbringen von Taubenfutter müssen Stadttauben keine weiten Ausflüge mehr auf Felder unternehmen und können sich so dem zusätzlichen Einfluss durch Beutegreifer entziehen. Domestikationsmerkmale wie die Senkung der Territorialität und die genannte erhöhte Fruchtbarkeit tragen zum Nisten auf engstem Raum bei. Zusammen mit dem Einfluss des Kunstlichtes, das die Fortpflanzungsaktivität von Vögeln steigern kann (siehe auch Seite 27) und im Falle der Stadttauben auch deren Brutplätze erwärmt, leben und leiden Stadttauben heute unter ähnlichen Bedingungen wie manche Haustiere in Massentierhaltungen. Das Stadttaubenproblem wird durch soziokulturelle Ursachen noch verschärft: Solange Menschen aus emotionalen Gründen, die von Einsamkeit bis »Tierliebe« reichen, die Tauben füttern, verstärken sie das Problem oder sind sogar lokal die Verursacher.

Jede Stadttaube bildet pro Jahr zehn bis zwölf Kilogramm Nasskot. Die darin enthaltene aggressive Harnsäure verschmutzt und beschädigt Fassaden und Denkmale, verbunden mit hohen Reinigungs- und Renovierungskosten. Auch können Geräte und Maschinen in Werkshallen und Flugzeughallen geschädigt werden, der Flugverkehr kann (wie durch andere Vogelschwärme) beeinträchtigt werden. Weil sie unter Mineralstoff- und Vitaminmangel in ihrer Grundnahrung leiden, fressen Stadttauben auch an den Pflanzen in öffentlichen Grünanlagen und schädigen diese dadurch.

Ein echtes Tierschutzproblem sind die »slumartigen« Lebensbedingungen der Stadttauben in Innenstädten. Dort überleben nur zehn Prozent der Jungtauben das erste Jahr, während die Überlebensrate in Stadtrandbereichen etwa 60 Prozent beträgt. Als herrenlose Tiere sind Stadttauben nach dem Tierschutzgesetz geschützt. Dagegen finden Naturschutzrecht und Jagdrecht für Stadttauben keine Anwendung. Die Gesundheitsgefährdung für den Menschen durch Stadttauben wird zwar immer wieder als Argument angeführt. Sie ist aber realistisch betrachtet nicht größer einzuschätzen als durch andere Ziervögel, Nutztiere und Wildvögel. Grundsätzlich können Stadttauben aber Träger von Krankheitserregern und Parasiten sein, die Mensch und Tier gefährden.

Um dem Stadttaubenproblem Herr zu werden, wurde zum Schutz einzelner Gebäude und zur Reduzierung der Schwärme eine ganze Reihe von Maßnahmen entwickelt. Diese reichen von der reinen Abwehr mit chemischen oder mechanischen Mitteln bis zum Töten und zur hormonellen Beeinflussung ihrer Reproduktion (»Taubenpille«). Tierschutzgerecht und wirksam zum Schutz von Objekten sind mechanische Barrieren wie Kunststoffreiter und insbesondere straff gespannte Drähte. Klebepasten, Abschuss, Vergiftung und Fang sind nicht tierschutzgerecht und langfristig wenig erfolgreich. Erfolgreich und tierschutzgerecht ist letztlich nur ein Gesamtkonzept aus Aufklärung zur Durchsetzung eines Fütterungsverbots, der Bau und die Betreuung öffentlicher Taubenschläge oder Taubentürme, Gelegekontrollen mit Entnahme und Austausch von echten Eiern gegen Gipseier, kontrollierte Fütterung, Applikation von Hormondepotpillen, lokale Abwehr und langfristige Populationsüberwachung. Selbst wenn das Taubenproblem gelöst werden kann: Als Symbole für Frieden und Hochzeit, als Verkünderinnen von Landnähe und Überbringerinnen von Botschaften bleiben uns die Haustauben erhalten. Und wohl auch die wahrscheinlich bekanntesten Stadttauben vom Markusplatz in Venedig.

Die Saatkrähe

Koloniebrüterin und Wintergast aus dem Osten und Norden

Im Gegensatz zur etwa gleich großen Rabenkrähe hat die Saatkrähe einen spitzeren und längeren Schnabel und – bei Altvögeln schon von Weitem erkennbar – einen nackten, weißlich grauen Schnabelgrund. Außerdem brüten die Vögel immer in Kolonien meist auf Laubbäumen und oft mit Nestgruppen in einem Baum. Stehen diese Bäume auf Parkplätzen oder entlang von Wegen, ist der Ärger vorprogrammiert, wenn unsere darunter parkenden heiligen Kühe (Autos) mit Kotspritzern übersät sind oder Kleidung und Köpfe der Spaziergänger das Gleiche abbekommen. Saatkrähen sind somit meist unbeliebt, zumal große Brutkolonien oft noch einen ohrenbetäubenden Lärm erzeugen.

Nicht selten wird deshalb versucht, die Vögel unter Zwangsmaßnahmen von Örtlichkeiten, an denen sie Ärger verursachen, zu vertreiben und dorthin zu leiten, wo sie weniger stören. Hier gilt es, tolerierbare Brutkolonien zu erhalten und zu schützen und bei nicht tolerierbaren

Brutansiedlungen, etwa auf Marktplätzen oder in Kindergärten, ein Schutz- und Lenkungskonzept durch Vogelschutzfachleute zu entwickeln. So sind zentrumsferne Brutansiedlungen in geeigneter Nachbarschaft von Nahrungsflächen durchaus zu fördern. Auch kann und sollte – wie Beispiele zeigen – die Akzeptanz für die Saatkrähen in Städten durch Führungen, Faltblätter und Infotafeln an den Koloniestandorten deutlich erhöht werden. Schließlich sind auch die Saatkrähen Teil unserer Städte.

Zu den dauerhaft in der Stadt und im Stadtumfeld lebenden Saatkrähen gesellen sich als Wintergäste häufig weitere Saatkrähen aus nordöstlichen Gefilden. Die Stadt bietet den Vögeln sicherere Übernachtungsmöglichkeiten, bevor die Tiere tagtäglich bis zu 60 Kilometer im Umkreis um ihre Schlafbäume meist auf Feldern auf Nahrungssuche gehen. Getreidekörner, Reste von Feldfrüchten, aber auch Haushaltsabfall und anderer Abfall sowie allerlei Kleintiere wie Insekten, deren Larven, Regenwürmer und Schnecken, aber auch Kleinsäuger, Eier und Jungvögel stehen über das Jahr auf dem Speiseplan der Saatkrähen, wobei sie zu etwa 50 Prozent vegetarisch leben. Wenn wir auf Spaziergängen beobachten, wie eine Saatkrähe eine Walnuss aus ihrem Schnabel auf eine Straße legt, am Straßenrand wartet, bis ein Auto das Nussknacken übernimmt, um dann den offen liegenden Inhalt zu verspeisen, oder wir feststellen, dass unser Auto gerade selbst zum Nussknacker für Krähen wurde, können wir den schwarzen Intelligenz-Vögeln vielleicht doch einige positive Seiten abgewinnen ...

Die Elster: Ihr metallisch schillerndes Gefieder war wohl dafür verantwortlich, dass man ihr fälschlicherweise die Vorliebe für Glänzendes und damit das Stehlen von Schmuckstücken unterstellte.

Elster und Rabenkrähe

Intelligente Anpasser

Die Rabenkrähe: Im Gegensatz zur Saatkrähe brüten die Paare nicht kolonieweise, sondern immer einzeln.

Elster und Rabenkrähe zählen mitsamt ihren Verwandten – Saatkrähe, Kolkrabe, Dohle, Tannenhäher und Eichelhäher – zu den intelligentesten Singvögeln. Sie sind besonders anpassungsfähig und nutzen ein außerordentlich breites Nahrungsspektrum, das von Aas, Insekten und Kleintieren über nährstoffreiche Pflanzenteile bis zu Nahrungsresten auf Mülldeponien reicht. Zwischen Elster und Rabenkrähe besteht eine starke zwischenartliche Konkurrenz. Rabenkrähen kennen zudem noch eine ausgeprägte innerartliche Konkurrenz. Die Elster baut ihre sperrigen Nester mit Überdachung nicht etwa zum Schutz vor Witterung, sondern in erster Linie zum Schutz vor Rabenkrähen, die immer wieder versuchen, Eier oder Jungvögel zu erbeuten. Rabenkrähenpaare müssen ihre Nester sogar gegen diebische Artgenossen verteidigen.

Während Rabenkräheneltern zur Aufzucht ihrer Jungen auf Insekten angewiesen sind, können sich ihre nicht brütenden Artgenossen auch von Aas, Abfällen und eben Eiern und Jungvögeln ernähren. Greift der Mensch in dieses natürliche Beziehungsgefüge ein, indem er Rabenkrähen von ihren Brutplätzen vertreibt oder ihre Gelege vernichtet, wächst höchstens die Zahl der Nichtbrüter. Die potentiellen Nestplünderer nehmen also eher zu.

Rabenvögel – besonders kreativ im Entdecken und Nutzen von Nahrung

Allen vier Rabenvogelarten, Dohle, Rabenkrähe, Saatkrähe und Elster, denen wir auf Plätzen und Verkehrswegen in der Stadt begegnen, ist eine hohe »rabenschwarze« Intelligenz, wie es der Zoologe Josef Reichholf in seinem Buch ausdrückt, gemeinsam. Diese Intelligenz beim Entdecken und Nutzen neuer Nahrungsquellen, verbunden mit dem geschickten Reagieren auf Gefahren, macht sie im urbanen Leben so erfolgreich.

Es fängt damit an, dass Elstern oft die Ersten am Unfallort sind, wenn ein Vogel oder Kleinsäuger im Straßenverkehr umkommt. Sie holen sich dort ihren Nahrungsanteil, indem sie den Kadaver anpicken, und können gleichzeitig den ankommenden Autos geschickt ausweichen.

Parkplätze von Fast-Food-Ketten zählen zu den häufig besuchten Nahrungsplätzen von Rabenvögeln in der Stadt. In Gießen untersuchte der Biologe Jürgen Schicker vor Jahren im Rahmen seiner Diplomarbeit, die ich mitbetreuen durfte, das Verhalten von »städtischen« Rabenkrähen. Dabei fand er heraus, dass die Vögel eine spezielle Technik entwickelten, um den Inhalt weggeworfener Tüten, die nicht in die Abfallbehälter entsorgt wurden, auf Nahrung zu überprüfen und an diese zu gelangen: Die schlauen schwarzen Gesellen packten die Tüten an ihren Öffnungen, legten sie so auf den Asphalt, dass sie hineinschielen konnten, um sie anschließend mit dem Schnabel am Tütenboden zu packen und zu schütteln, damit der Inhalt in Form von Fritten und Burgerresten herausfallen konnte.

Noch raffinierter stellte sich ein Rabenkrähenpaar in einer Einkaufsstraße an. Zunächst leuchtete es dem Biologen nicht ein, warum die Vögel immer zur gleichen Zeit dort auf einer Fußgängerüberführung Platz nahmen. Erst als er beobachtete, dass eine nahe Schlachterei regelmäßig die Fleischabfälle entsorgte und jeweils für kurze Zeit der Abfallcontainer offen stand, aus dem sich die Rabenkrähen bedienten, während die Metzger zurück in die Schlachterei gingen, wurde die »Besuchszeit« der Vögel erklärbar.

Bild links: Wenn Saatkrähen Abfallkörbe in Parks nach Fressbarem durchsuchen und dabei den Müll verstreuen, sind nicht sie an dieser Verschmutzung schuld, sondern Menschen, die ihren Abfall dort »einfach« entsorgen.

Rund ums Nest

Aus dem Bisherigen sowie aus eigener Erfahrung wissen wir, dass Vögel ihre Nester in der Vegetation – vom Boden bis in Baumwipfel – bauen oder aber für die Nestanlage Höhlungen und Nischen in der Vegetation, zum Beispiel in Bäumen, Felsspalten oder Gebäudenischen und Mauernischen brauchen. Bis auf die Spechte, die ihren Wohnraum selbst zimmern, sind die verschiedenen Vogelarten auf das Vorhandensein entsprechender Strukturen angewiesen. Dort, wo sie Mangelware sind oder gänzlich fehlen, nehmen Vögel gerne ihren Bedürfnissen entsprechende Nisthilfen an. Voraussetzung ist natürlich, dass sie in der Umgebung ihres Brutplatzes ausreichend Nahrung für sich und ihren Nachwuchs finden.

Wenn es um das Anbringen von Nisthilfen geht, können wir uns selbstverständlich in unserem eigenen Garten und am eigenen Haus »austoben«. In öffentlichen Parkanlagen, auf Friedhöfen oder im Zoo sind dafür die entsprechenden Verwaltungen und Eigentümer zuständig. In vielen Städten übernehmen Stadtgärtnereien, Schloss-, Park- und Friedhofsverwaltungen oder Zoo-Angestellte diese Aufgaben. Oft werden sie dabei auch von Mitgliedern aktiver Naturschutzverbände unterstützt. Die Regionalgruppen der Naturschutzverbände haben zudem meist eigene Artenhilfsprojekte, wie etwa die Mauersegler-Initiativen, den Schwalben-, Weißstorch-, Greifvogel- oder Eulenschutz oder die Aktion »Lebensraum Kirchturm«. Wer sich über den Meisenkasten oder die Halbhöhle im eigenen Garten hinaus aktiv für Vögel in der Stadt einsetzen will, sollte sich einem örtlich aktiven Naturschutzverband anschließen. Nur dann ist in der Regel gewährleistet, dass der persönliche Einsatz auch entsprechend erfolgreich sein kann.

Was im und um das Nest geschieht

Nistkästen für Höhlenbrüter und Halbhöhlenbrüter werden immer mit freier Anflugmöglichkeit aufgehängt. Wenn die Kästen zur Brutzeit von ihren Bewohnern besetzt sind, lässt sich das Kommen und Gehen der Insassen aus gebührender Entfernung oft leicht beobachten. Die in Bäumen, im Gebüsch und Wandgrün versteckten Nester der Freibrüter können dagegen meist nur erahnt werden, wenn dorthin regelmäßiger Flugverkehr mit Materialtransporten in Vogelschnäbeln herrscht.

Kohlmeise beim Nestbau im Meisenkasten. Heute baut man beim Nistkasten kein Stöckchen mehr als Ansitz unterhalb des Einfluglochs ein.

Nester – von liederlich bis kunstvoll

Vogelembryos bedürfen der besonderen Pflege: Weil sie sich außerhalb des mütterlichen Körpers – im Ei – entwickeln, müssen sie beschützt und gewärmt werden. Zu diesem Zweck bauen die meisten Vögel Nester. Diese Kinderwiegen sind so verschieden wie ihre Erbauer. Ob aus menschlicher Sicht eher aufwendig, kunstvoll und ordentlich oder schlicht bis liederlich – seinen Zweck erfüllt ein solches Bauwerk allemal. Nistplatz, Nistmaterial und Bauweise lassen eindeutige Rückschlüsse auf den Urheber zu.

So errichten Amseln und ihre Drosselverwandtschaft wohlgeformte Näpfe aus dünnen Zweigen, groben Halmen, Moos und Flechten als Nestbasis, die mit etwas feuchter Erde verfestigt wird. Darauf formt das Weibchen als alleinige Erbauerin des Nestes aus dünnen Halmen, Laub und Moos die Nestmulde, die es anschließend mit feuchtem Lehm ausgekleidet. Ist der Lehm getrocknet, was je nach Witterung bis zu einen Tag dauern kann, versieht das Weibchen die Mulde mit dünnen Grashalmen und gibt ihr durch Bewegen seines Körpers die endgültige Gestalt. Für die Nestbasis werden häufig auch Papierstückchen oder Kunststofffetzen, Textilien oder ähnliches künstliches Material verwendet. Amselnester findet man in Bäumen, in Sträuchern oder an Gebäuden, dort zum Beispiel in Nischen, auf Fenstersimsen, hinter Kletterpflanzen, aber auch in Holzstößen und offenen Gartenhäuschen, und zwar vorzugsweise in Bodennähe. Die Wacholderdrossel baut ihr Nest dagegen in Bäumen und Sträuchern und wagt sich dabei fast immer »höher hinaus« als die Amsel. Zudem brütet sie gerne in Kolonien. Immer sind die Drosselweibchen die alleinigen Baumeisterinnen.

Die höhlenbrütenden Blaumeisen und Kohlmeisen bauen ihre Napfnester gerne in Nistkästen. Als Baumaterial verwenden sie Moos, Gras, Tierhaare, trockenes Laub, mischen es mit Dunen und Spinnweben und polstern das Nest mit Haaren, Pflanzenwolle und gelegentlich Federchen aus. Aufwendig ist die kugelige Nestkonstruktion des Zaunkönigs. Sie hat einen seitlichen Eingang und wird gut getarnt in Höhlen, an Mauern, in Bäumen oder Böschungen angelegt.

Zaunkönige legen ihr backofenförmiges Nest oft bodennah und meist gut versteckt in Nischen und Hohlräumen oder hinter Rankpflanzen an.

Wer wohnt denn da? Nesttypen, ihre Erbauer und Nutzer

In der folgenden Übersicht werden einige leicht unterscheidbare Nesttypen vorgestellt. Bitte unbedingt beachten: Nester sollen zur Brutzeit wegen der damit verbundenen Störung nicht aufgesucht werden. Die Nester von Baumbrütern und Buschbrütern werden ohnehin meist erst nach dem herbstlichen Laubfall für uns sichtbar. Dann lohnt es sich, sie einmal aus der Nähe zu betrachten. Das Gleiche gilt auch für die Kontrolle und das herbstliche Reinigen der Nistkästen.

Napfnest: zum Beispiel: Amsel, Neuntöter, Gimpel (Dompfaff)

- Amsel: Nest meistens in Bäumen und Sträuchern, in 1,5 bis 2 Meter Höhe. Aus dünnen Zweigen, Halmen, Moos, Flechten, stabilisiert durch feuchte Erde, ausgekleidet mit Schlamm. Auspolsterung mit dünnen Grashalmen und Blättern. Legt vier bis fünf Eier.
- Neuntöter: Nest niedrig in Büschen, auch Dorngebüschen, und kleinen Bäumen. Aus Zweigen, Stängeln, Moos. Auspolsterung mit Tierhaaren. Legt fünf bis sechs Eier.
- Gimpel (Dompfaff): Gut verstecktes Napfnest, häufig in den äußeren Zweigen von Koniferen. Unterbau aus Reisig und Stängeln. Das Nest ist aus Wurzeln gebaut. Ausgepolstert mit feinen Grashalmen und wenigen Tierhaaren. Legt drei bis sieben Eier.

Kugelnest: zum Beispiel: Zaunkönig, Sperlinge (Spatzen)

- Zaunkönig: Nest bevorzugt in niedriger Vegetation, umgestürzten Baumwurzeltellern, Reisighaufen, Kletterpflanzen. Ovaler Bau aus Moos, Laub, Gräsern mit seitlichem Eingang in Bodennähe. Ausgepolstert mit Federn. Legt vier bis acht Eier.
- Haussperling: Nicht sehr sorgfältig gebautes Kugelnest mit seitlichem Eingang. Aus Halmen, Stroh, Gras, Papier, Wollfäden, Tierhaaren. Auspolsterung der tiefen Nestmulde mit Federn, feinen Halmen. Nistet bevorzugt in Kolonien. Legt drei bis sieben Eier.

Haufennest: zum Beispiel: Haubentaucher, Höckerschwan

- Haubentaucher: Schwimmendes, zu einem Hügel aufgeschichtetes Haufennest, verankert an Wasserpflanzen, manchmal frei schwimmend. Legt zwei bis sechs Eier.
- Höckerschwan: Großes Nest, das von einem Paar immer wieder genutzt und ausgebaut wird. Aus Gräsern, Zweigen, Wasserpflanzen. Am Wasser, im seichten Wasser oder auf kleinen Inseln. Legt fünf bis acht Eier.

Vögel verwenden die unterschiedlichsten Materialien zum Bau ihrer Nester: von Federchen über Grashalme, Blätter von Laub- und Nadelbäumen, Moos und Ästchen bis hin zu künstlichen Materialien wie Papier und Kunststoff.

Wohin mit den Abfällen aus der Wohnung?

Vielleicht konnten wir es schon an unserem Meisenkasten beobachten: Plötzlich zischt eine Meise aus dem Flugloch heraus und hält in ihrem Schnabel ein Stück Eierschale oder etwas kleines Weißes, das wir als Kotballen identifizieren. Sie trägt es im Schnabel ein Stück weit fort, um es dann fallen zu lassen. Eierschalen und Kot zeigen uns, dass Nachwuchs im Nest ist.

Im ersten Fall handelt es sich um das Beseitigen der jetzt überflüssigen Geburtshülle, der Eierschale. Dieser Vorgang dient wie das Wegtragen des Jungenkotes der Nesthygiene und wohl auch der Feindvermeidung: So bleiben »saubere« Nester weniger auffällig für Fressfeinde.

Doch längst nicht alle Vogelarten gehen so mit den Abfällen in ihrer Wohnung um. Bei sehr bald ihre Geburtsnester verlassenden Nestflüchtern, zum Beispiel Rebhühnern, Regenpfeifern oder Stockenten, bleiben die Eierschalen in den Nestern liegen, weil die Jungen diese schon nach kurzer Zeit für immer verlassen. Auch fressen Altvögel die Eierschalen aus Recycling-Gründen nicht selten einfach auf.

Anhand gefundener Eierschalen können wir recht einfach feststellen, ob aus dem Ei ein Junges geschlüpft ist oder ob hier Nesträuber am Werke waren.

Im ersten Fall sind die Schalenstücke ziemlich regelmäßig mit kleinen abgebrochenen Teilen. Oft liegen sogar zwei Schalenteile ineinander. Die Vogeleltern hatten sie zuvor zusammengesteckt, um sich Transportwege zu sparen. Die Eihaut von Eiern, aus denen Junge schlüpften, bildet nach dem Eintrocknen einen nach innen gerollten Wulst, die Schaleninnenseite ist ohne Dotter- und Eiweißspuren. Dagegen zeigen gewaltsam von Rabenkrähen, Elstern, Möwen, Igeln oder Mardern geöffnete Eier Hack- oder Bissspuren. Der gerollte Wulst der Eihaut fehlt. Oft sind noch Reste des gelben Dotters oder eine glänzende Eiweißschicht im Ei zu erkennen. War es fast ausgebrütet, finden sich darin auch Blutspuren.

Von der Eischale zurück zu den Ausscheidungen nach erfolgreicher Verdauung: Bei einer großen Anzahl nesthockender Vogelarten erfolgt die Kotabgabe der Jungen von Anfang an selbstständig an oder über den

Amseln suchen sich nicht selten kuriose Neststandorte aus. Hier dient eine am Schuppen hängende Leiter als Nestunterlage und die Gießkanne als »Sichtschutz«. So wenig gut getarnt, können Amselnester leicht von Beutegreifern entdeckt und ausgenommen werden.

Nestrand. So zum Beispiel bei Störchen, Reihern, Greifvögeln und Eulen, insbesondere bei fleisch- und fischfressenden Arten mit dünnflüssigem Kot. Bei Sperlingsvögeln, zu denen alle unserer Singvögel zählen, ist der Kotballen dagegen von einem dünnen Häutchen umgeben, sodass ihn die Altvögel in der Regel unmittelbar nach der Fütterung vom After des sich umdrehenden Jungvogels abnehmen können. In den ersten Nestlingstagen enthalten die Kotballen noch Nährstoffe und werden von den Eltern meist verschluckt. Später tragen sie die Kotballen im Schnabel weg und lassen sie in einiger Entfernung vom Nest fallen. Das Wegtragen von Kot hört mit fortschreitendem Nestlingsalter auf. Junge Stare entleeren sich beispielsweise ab dem zehnten Tag durch das Flugloch ihrer Bruthöhle nach außen. Bei anderen Höhlenbrütern wie dem Trauerschnäpper verbleibt der Kot dann in der Nesthöhle, oder junge Finkenvögel wie Grünlinge, Stieglitze oder Kernbeißer setzen ihn auf einer Nestseite als Kotrand ab.

Neue Erkenntnisse rund ums Nest

Belohnung für fleißigen Federsammler

Je mehr Federn ein Haussperlings-Männchen zum Nestbau heranschleppt, desto mehr strengt sich seine Partnerin beim Eierlegen an. Das ergaben Untersuchungen in Spanien und auf Dassen Island (Südafrika) zum Bruterfolg des »Weltbürgers Haussperling«. Fleißige Federsammler werden demzufolge vom Weibchen mit Eiern belohnt. Wenn das keine gerechte Lastenverteilung ist!

Wohnen an belebten Straßen – nicht nur von Vorteil

Turmfalken profitieren vom Straßen-Begleitgrün. Dort finden sie reichlich Mäusenahrung. Oft kann man sie deshalb vom Auto aus straßennah in der Luft rüttelnd sehen. Auch Turmfalkennistkästen sind dort nicht selten als Wohnraumangebote platziert. Das Wohnen im Schlaraffenland bringt jedoch deutliche Nachteile mit sich: Der Cortisolspiegel im Blut von Turmfalkenweibchen, die in straßennahen Nistkästen brüteten, war in Untersuchungen deutlich höher als derjenige ihrer männlichen Partner, was auf eine höhere Stressbelastung schließen lässt. Diese ist so groß, dass die straßennah brütenden Weibchen zehnmal häufiger die Brut verlassen als ihre Artgenossinnen unter vergleichbaren, aber straßenfernen Lebensraumbedingungen.

Zigaretten(-Stummel) fördern die Gesundheit!?

Heute findet man auf jeder Zigarettenpackung berechtigterweise den Hinweis, dass Rauchen schädlich für die Gesundheit ist. Weggeworfene Zigarettenstummel scheinen dagegen gesundheitsfördernd zu sein – für Vögel. Bei Haussperlingen (und Hakengimpeln) in Mexiko entdeckten Forscher beim Untersuchen der Nester nämlich einen Zusammenhang zwischen der Verwendung von Zigarettenstummeln und Parasitenbefall: Je mehr Zigarettenstummel in ein Nest eingebaut waren, desto weniger Parasiten konnten darin gefunden werden. Das Nikotin in den Stummeln schreckt offenbar Ektoparasiten ab. Allerdings bleibt noch ungeklärt, ob dieser Hygieneeffekt eine zufällige Begleiterscheinung ist oder ob er von den Vögeln gezielt geplant wird. Einen Hinweis auf letztere These liefern Stare: Sie polstern ihre Nester mit frischen Kräutern aus, darunter oft Teile der Wilden Möhre. Diese enthält das Phytosterin ß-Sitosterol, das Milben abhält, in solch ein Nest Eier zu legen. Damit wären Zigaretten(-Stummel) geradezu geadelt und kämen in ihrer Heilwirkung Wildkräutern gleich. Auch wenn Raucher mit solchem Wissen vielleicht versuchen, ihrem Tun eine positive Seite abzugewinnen, bleibt es dabei: Für uns Menschen ist Rauchen schädlich.

Selbst Zigarettenstummel können in Vogelnestern auftauchen.

Niststeine – echte Alternativen für Nistkästen

Seit geraumer Zeit bieten einige Hersteller von Nisthilfen sogenannte »Niststeine« für in Höhlen und Halbhöhlen brütende Vogelarten in verschiedenster Ausführung an. Diese lassen sich beim Neubau oder bei der Renovierung von Gebäuden gleich mit in die Hauswand einbauen und fallen nach dem Fassadenanstrich so gut wie nicht mehr ins Auge. Eventuell dadurch entstehende Kältebrücken für das Haus können durch Isolierung verhindert werden.

Spechtschäden an wärmegedämmten Gebäuden

Allen voran der Buntspecht nutzt gerne Resonanzkörper für seine Trommelwirbel. Das können im Siedlungsbereich Holzmasten, hölzerne Fassadenverkleidungen, aber auch Isolierungen aus expandiertem Polystyrol und Dämmputze sein. Vor allem an außengedämmten Gebäuden hinterlässt die Spechtaktivität ihre Spuren in Form von Löchern. Außer dem Buntspecht konnten bisher auch Grünspecht und Schwarzspecht bei diesem Tun beobachtet werden.

Zwei Gründe gibt es wohl, die Spechte reizen, Fassaden zu bearbeiten. Neben dem Klangeffekt erinnert offensichtlich die Konsistenz des Materials Spechte an morsches Holz, in dem es normalerweise etwas zu holen gibt (Insektenlarven) oder in das sich eine Höhle schlagen lässt. Typischerweise treten die Schadstellen bis maximal einen Meter von der jeweiligen Hausecke entfernt auf. Das erklärt sich damit, dass Spechte gerne ihren Baum umrunden, wobei in diesem Fall die Hausecke als vertikales Orientierungselement (wie ein Baumstamm) für den Specht wirkt. Oft lassen sich durch Metallfolien, Plastikbänder, Wimpel oder reflektierende Scheiben (»Katzenaugen«), die in der Nähe der Schadstellen angebracht werden, bereits Erfolge verbuchen. Bei hartnäckigen »Fassadenspechten« empfiehlt sich das Anbringen von Maschendraht über den Schadstellen. Bei sehr hohem Spechtinteresse wird eine Fassadenverblechung vor allem an den Hausecken (als Ansitzschutz) oder die elektronisch akustische Spechtabwehr durch Einsatz eines Infraschallgerätes oder Ultraschallgerätes empfohlen. Sinnvoll sind auch Wandbegrünungen mit Rankhilfen, die Spechte sicher von Fassaden abhalten. Vorbeugend kann ein weniger »klangattraktiver« Fassadenputz helfen. Und schließlich wäre es verdienstvoll, wenn die Industrie für Spechte unattraktive oder auch gegen deren Klopfen beständige Außendämmmaterialien entwickeln könnte.

Vögel auf Parkplätzen und »wüsten« Flächen

Aufgelassene Abbaustellen oder ehemalige Industrie- oder Bahngelände sind nicht selten Oasen für besondere Tierarten und Pflanzenarten, denen wir auf Spaziergängen in diese Wildnisse aus Menschenhand begegnen können. Dort siedeln sich zum Beispiel sogenannte Pionierpflanzen an, die als typische Lichtkeimer mit wenig Erde auskommen. Huflattich und Weidenröschen gehören dazu, häufig auch Birken. Mit dichten Filzhaaren besetzt, erblühen dort auch Königskerze und Nachtkerzen. Wo die humusarmen Böden locker sind, werden sie von Grabwespen, Sandbienen und Ameisenlöwen genutzt. Im Hochsommer fliegen an solchen Plätzen auf Schritt und Tritt Insekten vor uns auf, um kurz danach wieder zu landen. Es können Sandlaufkäfer sein. Diese metallisch grünen Insekten stürzen sich auf ihre Insektenbeute, die sie mit ihren gewaltigen, dolchartigen Mundwerkzeugen packen. Wasserstellen in aufgelassenen Abbaustellen oder Baustellen können im Frühjahr Laichplätze für Frösche und Kröten sein. Dort lassen sich auch all die faszinierenden Aspekte des Libellenverhaltens, von der Paarung über die Jagd, die Eiablage, das Larvenverhalten bis zur Verwandlung in die Minihubschrauber, beobachten. Schließlich sind solche Gewässer häufig auch ein Dorado für Wasserinsekten und Wasserschnecken. Vögel lassen sich dort oft erst auf den zweiten Blick entdecken. Doch sie sind da: von Steinschmätzern und Bachstelzen über Flußregenpfeifer bis hin zu Haubenlerchen.

Der Steinschmätzer

Langstreckenweltrekordler unter den Singvögeln

Offenes, steiniges, nur karg oder kurz bewachsenes Gelände ist Lebensraum und Brutplatz des Steinschmätzers. Ausreichend Sitzwarten zur Jagd nach Insekten und kleinen Bodentieren sowie Spalten oder Höhlungen zur Nestanlage sind entscheidende Biotoprequisiten. In Städten kommen Bahndämme, Brachflächen in Industriegebieten und Bauschuttablagerungen den Bedürfnissen des Steinschmätzers entgegen. Durch seine aufrechte Sitzhaltung wirkt der sperlingsgroße Vogel etwas größer als sein Vergleichsvogel. Erkennungsmerkmal beider Geschlechter ist das auffällige schwarz-weiße Schwanzmuster, wobei die schwarze Zeichnung am Schwanzende in Kombination mit dem schwarzen Mittelteil an ein auf dem Kopf stehendes T erinnert. Dazu trägt das Männchen beidseitig eine schwarze Augenbinde und schwarze Flügel. Kehle und Brust sind während der Fortpflanzungszeit sanft ockergelb getönt. Das Weibchen ist, wie das Männchen im Ruhekleid, bräunlich und ohne auffällige Kopfzeichnung gefärbt, die Jungen sind bräunlich gesprenkelt.

Die Langstreckenzieher verbringen den hiesigen Winter im tropischen Afrika. Hierzulande lassen sie sich von März bis Oktober beobachten. Auf dem Durchzug tauchen Steinschmätzer gerne auch auf kurzrasigen Flächen wie Flughäfen und Golfplätzen auf. Noch Ende April bis weit in den Mai ziehen sie. Deshalb muss es sich nicht bei jeder Beobachtung in dieser Jahreszeit um einen sicheren Brutnachweis handeln. In ein oder zwei Jahresbruten bebrütet das Weibchen jeweils meist vier oder fünf Eier. 13 bis 15 Tage nach dem Schlupf verlassen die Jungen das Nest, bei Störungen auch früher. Steinschmätzer sind nicht nur zur Brutzeit stark territorial. Durch Singflüge demonstriert das Männchen auch außerhalb dieser Zeit immer wieder seinen Revieranspruch.

Lesesteinhaufen oder Trockenmauern in übersichtlichem, kurz oder karg bewachsenem Gelände wie städtischem Brachland, auf Flugplätzen oder Golfplätzen mit darin eingebauten Niststeinen für Halbhöhlenbrüter helfen, das Nistplatzangebot für den Steinschmätzer zu verbessern. Der grundsätzlich wenig anspruchsvolle Vogel leidet hierzulande unter dem schleichenden Verlust geeigneter Brutgebiete, aber auch unter den Klimaänderungen mit zunehmend höheren Niederschlägen während seiner Brutzeit im Sommer.

Steinschmätzer-Männchen im Prachtkleid: Selbst die Vögel aus Alaska ziehen bis nach Ostafrika und legen so jährlich etwa 30 000 Kilometer zurück.

Die Bachstelze

Vom Flussufer in Neubaugebiete

Die sperlingsgroße, schwarz-grau-weiße Bachstelze mit den langen Beinen und dem langen, schwarzen, ständig wippenden Schwanz mit weißen Außenkanten hat längst von ihrem ursprünglichen Lebensraum, den Flussufern mit Schotterbänken, Einzug gehalten in Neubaugebiete und Industriegebiete mit ähnlicher Struktur. Ihr Nest baut sie in Nischen und Halbhöhlen häufig an Gebäuden. In zwei bis drei Jahresbruten werden jeweils fünf bis sechs Eier in etwa zwei Wochen ausgebrütet. Nachts übernimmt das Weibchen das Brutgeschäft. Am Tag wird es dabei vom Männchen abgelöst. Nach weiteren zwei Wochen sind die Jungen flügge. Kuckucke suchen sich Bachstelzen häufig als Wirtseltern aus.

Bachstelzen ernähren sich ganzjährig von Insekten, insbesondere von kleinen Mücken und Fliegen. Wenn sie nicht gerade an ihren Brutplatz gebunden sind, suchen sie fast während des ganzen Jahres gemeinsame Schlafplätze auf. Das sind innerörtlich oft Bäume und hohe Sträucher, zum Teil auch an verkehrsreichen Plätzen, wo sie mit bis zu mehreren Hundert Tieren einfallen können. Diese Maximalzahlen werden meist im August und September nach der Brutzeit erreicht. Die Geselligkeit bringt Vorteile: Greifvögel werden mit heftigem Zwitschergesang verfolgt und vertrieben, wobei sich mehrere Bachstelzen für derartige Aktionen zusammenschließen. Während des Winterhalbjahres sind die Vögel je nach Nahrungsangebot in Trupps oder auch einzeln unterwegs. Allerdings verteidigen sie dabei individuelle Nahrungsterritorien, zum Beispiel bestimmte Bachabschnitte, mitunter heftig gegen eindringende Artgenossen. Bei Hunger hat Geselligkeit wohl ihre Grenzen.

Auf den Lebensraum »kleine Fließgewässer«, den die Bachstelze in ihrem Namen trägt, ist sie nicht unbedingt angewiesen. Sie zählt zu den wenigen Vogelarten, die Profiteure von menschlichen Eingriffen in die Landschaft sind. Der Bau von Straßen, Brücken und Industrieanlagen schafft für sie neue Nahrungs- und Brutplätze. Dort findet sie Nischen und Halbhöhlen für die Brut genauso wie Flächen mit kurzer, schütterer Vegetation oder ohne Bewuchs zur Nahrungssuche – eine Kombination,

Industriegelände mit viel Stein und wenig Bewuchs: Was auf uns »öd und leer« wirken mag, übt eine starke Anziehungskraft auf Vögel wie Steinschmätzer, Bachstelzen, Flussregenpfeifer oder Haubenlerchen aus. Sie finden dort Brut- und Nahrungsplätze.

die es früher nur an Fließgewässern gab. Selbst Straßen werden zur Nahrungssuche genutzt, wobei Bachstelzen so geschickt sind, dass sie nur selten von einem Auto erfasst werden. Apropos Auto: Manchmal kann man beobachten, wie Bachstelzen ihr Spiegelbild an Autospiegeln, Autofensterscheiben oder glänzenden Radkappen angreifen, weil sie darin einen vermeintlichen Kontrahenten erkennen. Eben echte »Spiegelfechter«!

Die Haubenlerche

Vom Trümmer- zum Parkplatzvogel

Kaum steigen wir auf dem öden Parkplatz vor dem Supermarkt aus dem Auto, umtrippelt uns vielleicht wenig scheu ein kleiner, gut sperlingsgroßer, graubrauner Vogel mit einer stattlichen, spitzen Federhaube. Es ist eine Haubenlerche, die sich als Bodenbrüterin diesen uns unwirtlich erscheinenden Platz als Lebensraum ausgesucht hat. Karge Neubaugebiete und Industriegebiete, Gleisanlagen der Bahn – und eben Parkplätze – sind ganz nach dem Geschmack dieser Vogelart, die hierzulande nach dem Zweiten Weltkrieg, oft als »Trümmervogel« bezeichnet, ihre Bestandsblüte hatte und mittlerweile zu den seltenen Vogelarten zählt. Trockene Steppenland-

Ein (Park-)Platz ganz nach dem Geschmack der Haubenlerche.

schaften und Halbwüsten – ihre natürlichen Lebensräume – gibt es bei uns nicht. Am nächsten kommen ihren natürlichen Lebensräumen wohl die Industriegebiete und vor allem die oft riesigen Parkplätze mit ihrer schütteren Randvegetation.

Haubenlerchen ernähren sich ganzjährig von Pflanzen, zum Beispiel von Samen oder grünen Teilen der Pflanzen. Im Sommer kommen Insekten und Spinnen dazu, wobei der Insektenanteil im Jahresdurchschnitt insgesamt unter 30 Prozent liegt. Wildkräuter- und insektenreiche Flächen findet die Haubenlerche in der Stadt vor allem in Neubaugebieten und um die Parkplätze der großen Supermärkte am Stadtrand. Die vielen Autos und Menschen werden dabei als zugehöriges Inventar hingenommen. Zur Nestanlage sucht das Weibchen den Schutz eines kleinen Strauchs oder einen Erdhügel. Dort, aber auch auf Flachdächern, wird eine Mulde gegraben, in die das Weibchen ein einfaches, lockeres Bodennest aus Halmen und anderem Pflanzenmaterial baut. In meist zwei, manchmal drei Jahresbruten werden ab Anfang April jeweils meist drei bis fünf Eier in knapp zwei Wochen ausgebrütet. Während das Weibchen bereits mit der zweiten Brut beschäftigt ist, übernimmt das Männchen die Jungenbetreuung der ersten Brut.

Im Gegensatz zu den Feldlerchen treten die ganzjährig bei uns anwesenden Haubenlerchen nie in Schwärmen auf. Auch ihr Gesang ist klarer als derjenige der Feldlerche, wird langsamer und mit langen Pausen wie zerhackt vorgetragen. Haubenlerchen-Männchen bleiben bei Start und Landung im Gegensatz zu Feldlerchen stumm. Ihren Gesang tragen sie oft von Singwarten aus vor und flechten Imitationen anderer Vogelstimmen und sogar menschliche Lautäußerungen in ihn ein. Eine Haubenlerche ahmte beispielsweise den Pfiff eines Schäfers so perfekt nach, dass dessen Hütehunde darauf reagierten.

Die moderne Landwirtschaft zwang die Haubenlerche zum Rückzug aus nördlichen Arealen, der sich in Mitteleuropa und selbst bis nach Südeuropa fortsetzt. Unser Land ist heute bis auf kleine Vorkommen im Westen und Nordosten leider nahezu haubenlerchenfrei. Vielleicht denken wir daran, wenn wir das nächste Mal beim Einkauf den kleinen Vogel mit der hohen Haube ohne Scheu um unser Auto rennen sehen.

Gefahren für Vögel

Licht kann für Vögel nicht nur den Tag, sondern auch die Fortpflanzungsperiode verlängern (siehe auch Seite 27). Es kann auch zur Gefahr für sie werden, ebenso die Übertragungssysteme für Elektrizität, die Freileitungen. Ohne Elektrizität, ihre Übertragung und Möglichkeit, sie zu nutzen, wäre unser Leben kaum möglich, vor allem nicht in den Städten. Neben der Technik treffen Vögel dort auf weitere Gefahrenquellen, auch auf solche mit vier Pfoten.

Lichtfallen

Künstliche Lichtquellen sind Gefahrenquellen für nachts ziehende Vögel, besonders, wenn sie sich an hohen Gebäuden befinden und weit strahlen. Dies erkannte man schon früh. Als hochgefährliche Vogelfalle erwies sich um 1900 zum Beispiel der Helgoländer Leuchtturm. Ein Teil der betroffenen Vögel, überwiegend schnell fliegende Arten, kam daran durch direkten Anflug und Aufprall zu Tode. Die meisten betroffenen Kleinvögel konnten sich der Anziehungswirkung der Lichtquelle nicht entziehen, umkreisten sie, bis sie schließlich ermattet zu Boden sanken und dort Fressfeinden zum Opfer fielen.

Weltweit finden sich zahlreiche weitere Beispiele menschlicher Bauwerke, die Tausende an Vogelverlusten bedingen: von Leuchttürmen über Bohrplattformen bis zu Fernsehtürmen und angestrahlten Monumenten. Besonders hoch sind die Unfälle durch Anflug während bestimmter Wetterlagen: bei weitgehender (mehr als 80 Prozent) oder völliger Bedeckung des Himmels, bei niedrig hängenden, dicken Schichtwolken in 120 bis 500 Meter Höhe, bei durch Nebel oder Dunst bedingter schlechter Sicht, bei Tiefdruckwetterlagen, bei Windrichtung entsprechend der Zugrichtung in Bodennähe oder bei Durchzug einer Kaltfront unmittelbar vor dem Ereignis. Zugvögel passen ihr Flugverhalten der Witterung an. So werden dichte Schichtwolken unterflogen. Mit der sehr geringen Flughöhe (kaum 100 Meter) steigen aber die Risiken, mit einer Beleuchtungsanlage zu kollidieren und in deren Nähe der Blend- und Lockwirkung zu unterliegen. Gerade die niedrigen Schichtwolken streuen das Licht diffus und erzeugen über Ballungsräumen eine großflächige »Lichtsuppe«, in der die Tiere kaum Anhaltspunkte finden, sie zu verlassen. Auch heranziehende Kaltfronten zwingen Zugvögel zu niedrigeren Flughöhen. In unseren Breiten tritt eine solche Wetterlage fast nur während des Herbstzuges auf. Deshalb sind die Verluste im Herbst wesentlich höher als im Frühjahr.

Um Verluste an kritischen Standorten, etwa an großen Gebäuden und Hochhäusern entlang größerer Flüsse, zu vermeiden, gilt es, die Betreiber von Beleuchtungsanlagen aller Art gezielt zu informieren. Diese sind ihrerseits verpflichtet, die Anlagen so zu betreiben, dass sie möglichst wenig Schäden verursachen und sich im Problemfall flexibel und schnell anpassen lassen. Solch eine Vereinbarung wurde zum Beispiel in Hessen zwischen der Landesregierung und den im Hotel- und Gaststättenverband organisierten Betrieben nach Schadensfällen – meist mit Kranichen – für den Einsatz der problematischen Skybeamer getroffen. Sie sieht das freiwillige Abschalten der Anlagen bei problematischen Wetterlagen im Herbst vor.

Wer beobachtet, dass Vögel (in größerer Zahl) an Beleuchtungsanlagen Probleme bekommen, sollte die zuständige Naturschutzbehörde informieren, damit gegebenenfalls Abhilfe geschaffen werden kann.

Gefahr durch Freileitungen

Seit es Stromleitungen gibt, kommen Vögel an ihnen zu Tode. Das Risiko, durch Stromschlag auf Masten von Mittelspannungsfreileitungen zu sterben, ist für Störche, fast alle größeren Greifvögel und Turmfalken, für Uhus, Kolkraben und Aaskrähen besonders hoch. Seit 2009 wird der Schutz von Vögeln vor Stromschlägen an Mittelspannungsfreileitungen in Deutschland im Bundesnaturschutzgesetz geregelt. Danach sollten bis Ende 2012 alle für Vögel gefährlichen Masten durch Schutzmaßnahmen flächendeckend entschärft und alle neuen Masten vogelsicher gebaut werden. Seit 2011 liegt eine Anwendungsregel vor, die für alle Netzbetreiber beim Umbau und Neubau ihrer Mittelspannungsnetze verpflichtend ist. Als gute Lösungen für das Vogelschutzproblem »Stromtod« gelten insbesondere hängende Isolatoren, eine geeignete Isolatorenanordnung auf den Masten zur Vermeidung von Kurzschlüssen durch Vögel, die Verlängerung der Isolationsstrecke der Abspannkette und Isolation aller Spannung führenden Teile. Wer immer noch durch Stromschlag getötete Vögel an Freileitungen findet, sollte das den Naturschutzbehörden melden, damit die zuständigen Netzbetreiber ermittelt werden und Abhilfe geschaffen werden kann.

Während die Gefahr des Stromtods durch entsprechende Bauweisen praktisch völlig gebannt werden kann, lässt sich die zweite Gefahrenquelle, die Kollision mit den Seilen der Freileitungen, zwar deutlich verringern, wohl aber kaum ganz beseitigen. Die Ursache für Kollisionen liegt darin, dass die Seile, in diesem Fall insbesondere die Erdseile (die obersten, dünneren Seile der Freileitungen), nicht oder zu spät gesehen werden und die Vögel, teilweise infolge verspäteter Ausweichreaktionen, vor allem mit dem Erdseil kollidieren. Eine besondere Gefahr besteht für die gebietsunkundigen Zugvögel, die zu einem großen Teil in konfliktreichen Höhen fliegen oder bei ungünstigen Wetterlagen wie Nebel, Regen oder starkem Gegenwind in diese kritischen Höhen absinken. Die meisten Vogelunfälle durch Kollision ereignen sich an Hoch- und Höchstspannungsfreileitungen. Es verunglücken vor allem Arten mit schlechter Manövrierfähigkeit und schlechter Geradeaussicht: Störche, Reiher, Gänse, Enten und Möwen zählen vor allem zu den Arten mit hohem Kollisionsrisiko.

Diese Kollisionsgefahr lässt sich mit »Vogelmarkierungen«, die an das Erdseil angebracht werden, sehr stark (bis weit über 90 Prozent) reduzieren. Am wirkungsvollsten haben sich dabei aus schwarz-weißen Kunststofflamellen bestehende Vogelschutzmarkierungen erwiesen. Die beweglichen Lamellen erzielen durch ihren Kontrast eine hohe Signalwirkung und machen die anfliegenden Vögel so früh auf das »Lufthindernis Leitungsseile« aufmerksam, dass die Tiere in der Regel noch rechtzeitig ausweichen können. Seit Dezember 2014 liegt dazu ein sogenannter »Technischer Hinweis« für die Netzbetreiber in Deutschland vor, der berechtigt hoffen lässt, dass zukünftig auch an den neuen für die Energiewende unverzichtbaren »Stromautobahnen« weniger Vögel verunglücken.

Graue Kraniche brüten und nächtigen in sumpfigem Gelände. Wenn sie in V-Formation in Richtung Überwinterungsgebiete fliegen, können sie bei ungünstigen Wetterlagen durch Beleuchtungsanlagen in Städten, wie Skybeamer, stark irritiert werden.

Viele Katzen sind der (Klein-)Vögel Tod

An Katzen scheiden sich die menschlichen Geister. Katzenliebhaber lassen nichts auf ihre(n) Schmusetiger kommen. Nicht wenige Katzenhasser würden die von der Nubischen Falbkatze abstammenden Hauskatzen dagegen am liebsten vergiften. Wenn die Diskussion um den Einfluss der Hauskatzen auf die Vogelwelt hochkocht, werden Vogelfreunde gerne in einen Topf mit »echten Katzenhassern« geworfen. Neuere Untersuchungen aus den USA und England liefern endlich Antworten auf die Frage, welchen Einfluss Katzen auf die Vögel unserer Kulturlandschaft haben, und können damit erstmals Meinungen durch Fakten ersetzen. Um es auf den Punkt zu bringen: Katzen verursachen hohe Kleinvogelverluste – und bereits ihr Anblick kann mit verheerenden Folgen für Vögel verbunden sein.

Schreck lass nach – was er aber so bald nicht tut

Bisher haben Katzenhalter, die allesamt Tierfreunde und meistens auch Vogelfreunde sind, den Tipp bekommen, ihrer Katze ein Glöckchen umzubinden, damit die Vögel vor allem in der Brutzeit rechtzeitig vor der Anschleicherin gewarnt sind. Leider ist auch diese Maßnahme kein Allheilmittel zur gänzlichen Vermeidung von Vogelverlusten.

Wissenschaftler der englischen Universitäten Sheffield und Exeter haben durch Experimente herausgefunden, dass sich schon die bloße Anwesenheit von Katzen negativ auf das Brutgeschäft von Amseln auswirkt. Die Forscher konnten zeigen, dass Amseln in diesem Fall weniger Futter zu ihren Jungen bringen und die Unruhe, die beim Verteidigen des Nestes entsteht, weitere potenzielle Beutegreifer erst anlockt. So war nach dem Entfernen der Katze die Häufigkeit, mit der die Amseleltern Futter brachten, noch in den nächsten 90 Minuten um etwa ein Drittel reduziert. Eine 15-minütige Anwesenheit einer Katze reichte zudem, dass sich in den nächsten 24 Stunden die Erbeutung der Amseln durch andere Beutegreifer um das Zehnfache steigerte. Zu 99 Prozent waren dann Rabenvögel die erfolgreichen Amselkiller. Sie kennen die Warnrufe der Amsel und suchen solche Örtlichkeiten gezielt auf.

Doch zunächst zum Wesen der Katze. »Haustiger« oder »Schmusetiger« sind ebenso liebevolle wie treffende Bezeichnungen für unsere Hauskatze. Rund 5000 Jahre reicht ihre Geschichte mit uns Menschen zurück. Doch trotz dieser langjährigen Lebensgemeinschaft wurde aus der Nordafrikanerin nie ein echtes Haustier. Bei aller Schmusebereitschaft bewahrte sie sich einen Großteil ihrer Unabhängigkeit und Wildheit. Obwohl die typische Hausnahrung – Katzenfutter und Küchenabfälle – in ihrer Nahrung mengenmäßig weit vor dem Anteil kleiner Wirbeltiere und Gliederfüßer rangiert, ist ihr Einfluss auf Wildtiere dennoch erheblich, denn ihr Interesse an der Jagd besteht auch dann weiter, wenn ihr Nahrungsbedarf vollständig vom Menschen durch Füttern gedeckt wird.

Ein Forscherteam analysierte in den USA den Einfluss dort frei laufender Katzen auf Wildtiere. Obwohl die den Berechnungen zugrunde gelegten Annahmen sehr konservativ waren, übertraf die Höhe der

Bereits die Anwesenheit einer Katze bedeutet Stress für Vögel. Ein Glöckchen um den Hals der Katze macht den Vogel zwar früher aufmerksam, verhindert jedoch nicht in jedem Fall seinen Tod durch die Lauerjägerin.

Verluste durch Katzen selbst noch die pessimistischen Erwartungen: In den USA werden von Katzen jährlich zwischen 1,4 und 3,7 Milliarden Vögel und 6,9 bis 20,7 Milliarden Kleinsäuger getötet! Selbst wenn herrenlose Katzen, deren Anzahl auf 30 bis 80 Millionen geschätzt wird, zu 69 Prozent die Verursacher sind, werden jedes Jahr immer noch bis zu 1,1 Milliarden Vögel von »Hauskatzen mit Ausgang« erbeutet. Wobei in diese Berechnungen nur die getöteten Opfer eingingen. Viele Kleintiere werden von Katzen erbeutet und verletzt verlassen. Auch diese Tiere sind in den meisten Fällen verloren, weil ihre Bisswunden häufig mit Pasteurella-Bakterien aus der Mundhöhle der Katze infiziert sind. Vögel überleben diese Infektion so gut wie nie. Doch selbst wenn »nur« die getöteten Opfer gerechnet werden, bedeuten die im Schnitt 2,5 Milliarden durch Katzen getöteten Vögel in den USA bei einem geschätzten Gesamtbestand von zehn bis 20 Milliarden Individuen einen Verlust von jährlich mehr als zehn Prozent. Auch wenn solche Berechnungen bei uns bisher fehlen, ist davon auszugehen, dass wir in Mitteleuropa mit ähnlichen Verhältnissen zu rechnen haben.

Ein Gutes brachten die Erkenntnisse in den USA schon mit sich: Etwa 50 Prozent der Hauskatzen werden dort inzwischen ausschließlich im Haus gehalten. Aus Tierschutzgründen spricht übrigens nichts gegen eine komplette Haushaltung. Wenn die Ausstattung ihres häuslichen Lebensraumes stimmt und sie dazu noch Gesellschaft haben, können Hauskatzen auch so ein artgerechtes Leben führen.

Was tun? Zunächst: Schaffen Sie sich nur dann eine Katze an, wenn Sie über die nötige Zeit, ihr Gesellschaft zu leisten, und genügend Platz verfügen. Halten Sie Ihre Katze(n) am besten ganzjährig als »echte« Hauskatze(n) im Haus.

Wenn die Katze heraus darf, lassen sich Verluste von Kleinsäugern und Vögeln durch Katzen im Garten mit relativ geringem Aufwand vermindern: Erschweren Sie den Katzen den Zugang zu Nistplätzen von Vögeln: Eine Manschette aus Blech oder Kunststoff um den Stamm eines einzeln stehenden Baumes verhindert, dass die Katze zu den Vogelnestern im Baum vordringen kann. Bringen Sie Nisthilfen so an, dass Katzen keinen Zugang haben: Hängen Sie Nistkästen mit Draht an Seitenästen von Bäumen oder an der Fassade auf, sodass sie mehr als 1,5 Meter hoch hängen. Verwenden Sie Nistkästen mit steilen und glatten Dächern, auf denen eine Katze keinen Halt findet.

Dennoch bleibt der negative Effekt, dass die Vögel aus Furcht vor der Jägerin ihre Jungen nicht ausreichend versorgen und mit ihren Warnrufen andere Beutegreifer wie Rabenvögel, für die mechanische Abwehrmaßnahmen keine Hindernisse sind, erst auf sich aufmerksam machen. Verordnen Sie Ihrer Katze zumindest eine zeitliche Ausgangssperre am frühen Morgen und späten Abend sowie während der Brutzeit. Katzen lassen sich aus Gärten auch fernhalten durch abwehrende Duftstoffe, Wasser, Ultraschall, kleinräumig auch durch für Katzen unangenehm riechende Pflanzen. Nach Untersuchungen der Königlichen Gesellschaft zum Schutz der Vögel (RSPB) in Großbritannien werden mit Ultraschallgeräten ausgestattete Gärten um jeweils ein Drittel weniger häufig und weniger lange von Katzen aufgesucht als Gärten ohne Ultraschallwirkung. Katzen, die Glöckchen oder elektronische Piepser trugen, fingen gut ein Drittel weniger Kleinsäuger und bis um die Hälfte (bei Piepsern) weniger Vögel.

Sorgen Sie für optimale Lebensräume für Wildtiere, zum Beispiel durch eine naturnahe Gartengestaltung. Suchen Sie das Gespräch mit Katzenhaltern. Informieren Sie diese über Gebiete mit gefährdeten Vogelarten und über Amphibien- und Reptilienstandorte. Falls Sie in Ihrem Garten ein Vogelbad oder ein Futterhäuschen für die Winterfütterung bereithalten, so platzieren Sie diese katzensicher, das heißt an einer übersichtlichen Stelle, sodass sich Katzen nicht anschleichen können: mindestens zwei Meter entfernt von der nächsten Versteckmöglichkeit für sie. Futterhäuschen sollten an einem Ast frei hängen oder auf einem Pfosten montiert werden. Vermeiden Sie aber Abwehrmittel wie Stacheldraht oder Ähnliches, an denen sich Katzen und andere Tiere verletzen könnten.

Katzenhalter sollten zusätzlich folgende Punkte beachten: Das Aussetzen von Katzen ist verboten. Lassen Sie Ihre Katzen kastrieren. Vor allem die Männchen streunen dann weniger herum. Lassen Sie Ihre Katze während Ihrer Ferien von Nachbarn oder Bekannten betreuen oder geben Sie Ihren »Haustiger« in ein Tierheim zur Pflege. Hängen Sie Ihrer Katze ein Halsband mit einem Glöckchen um. Nach kurzer Zeit wird sie sich daran gewöhnen. Vögel werden schneller auf die Gefahr aufmerksam. Falls Sie frisch ausgeflogene Jungvögel oder stark warnende Altvögel beobachten, lassen Sie Ihre Katze nach Möglichkeit für ein paar Tage in der Wohnung.

Wie steht's mit den Hunden?

Hunde als Rudelwesen sind dem Menschen von Haus aus folgsamer als Katzen. Dennoch können sie auf unseren Spaziergängen mit ihnen durchaus zum Problem für bodenbrütende Vögel werden. Vor allem Gebiete mit Vorkommen von Wiesenvögeln wie Kiebitz oder Großem Brachvogel sollten zur Brutzeit dieser Arten zum Hundeausführen gemieden werden. Vor allem sollten die »treuen Begleiter« des Menschen dort nicht leinenfrei herumstöbern dürfen.

Nun kommen diese Vogelarten eher in feuchten Niederungsgebieten als in städtischen Bereichen vor. Dennoch gibt es auch in Städten besonders wertvolle Vogellebensräume, in denen Hunde durch ihre Neugier und ihren angeborenen Jagdtrieb zur Brutzeit und Jungenaufzuchtszeit den Vögeln schaden können. Das sind die Uferbereiche von Fließ- und Stillgewässern mit ihren Verlandungszonen, ausgedehnte, naturnahe Wiesen, städtische Parks mit Gebüsch, Stadtwälder und »wilde Flächen«. Wer dort vor allem im Frühjahr und Frühsommer seinen »Fifi« an der Leine und bei Fuß hält, tut den Vögeln Gutes.

Vögel als Verkehrsopfer

Eine Verkehrsopferstatistik von Vögeln in Frankreich zeigt, dass mehr als 50 Prozent der Verkehrsopfer an Straßenabschnitten mit Hecken zu Tode kamen, 55 Prozent davon bei Tageslicht. Hochgerechnet ergeben sich etwa 30 Millionen Vogel-Verkehrsopfer in Frankreich pro Jahr. Neben den Verlusten durch Katzen ist der Straßenverkehr damit die zweithäufigste Todesursache für Vögel. Ähnliches dürfte auch hierzulande gelten.

Kamine und Lüftungsschächte

Auch Kamine und Lüftungsschächte können zu tödlichen Fallen für Vögel werden. Davon betroffen ist vor allem der Waldkauz. Gar nicht so selten wählen sich die Käuze solche Orte als (ungeeignete) Ruhe- und Brutplätze aus. Wenn dann aus dem Heizungskeller auf einmal schwer einzuordnende Geräusche dringen, haben die Waldkäuze noch Glück gehabt, wenn sie zwar stark verrußt, doch ansonsten unbeschädigt aus der geöffneten Reinigungsklappe des Kamins von aufmerksamen Menschen geborgen werden.

Gefahr kann auch Menschen drohen: dann, wenn Dohlen mangels anderer Brutplätze zu Schornsteinbrütern werden, wie es in manchen Gegenden vorkommt. Ihre Vorliebe, die umfangreichen Nester im Frühjahr in Schornsteine hineinzubauen, kann lebensgefährlich für Hausbewohner werden. Die Abgase der angeschlossen Feuerstätte können nicht mehr durch den Schornstein abziehen. In dieser Situation kommt es vor allem bei Gasfeuerstätten zur unvollkommenen Verbrennung und damit zur Bildung von Kohlenmonoxid (CO). Dann sind Menschenleben in Gefahr. Denn das Gas CO ist stark toxisch, unsichtbar, geruchsneutral und ohne Geschmack. Durch den Abgasrückstau gelangt das giftige Gas schnell in die Wohnung. Je besser diese abgedichtet ist, desto gefährlicher ist es. Dies hat in der Vergangenheit schon einige Menschen das Leben gekostet. Das Problem lässt sich leicht lösen, indem der Schornsteinfeger das unbewohnte Nest fachgerecht beseitigt und ein Dohlenschutzgitter auf dem Schornstein montiert. Bei belegten Nestern wird zusätzlich auch die Naturschutzbehörde zwecks Abstimmung einer Beseitigung eingeschaltet.

Hilflose Jungvögel, Scheibenanflug und Straßenverkehrsopfer – was tun?

In der Brutzeit werden oft aus gut gemeinter Fürsorge Vogeljunge aufgenommen, weil wir annehmen, sie seien aus dem Nest gefallen oder von den Eltern verlassen worden. Solch ein hilflos erscheinender, scheinbar kläglich herumsitzender, gerade flügge gewordener Jungvogel vermittelt eben leicht den Eindruck, dass er ohne unsere Hilfe verloren sei. Oft wird das Vögelchen mit nach Hause genommen und erst nach fehlgeschlagenen Fütterungsversuchen sachkundiger Rat gesucht.

Tatsächlich ist der am Boden sitzende Jungvogel in den meisten Fällen gar nicht elternlos. Sein jämmerlich erscheinendes, oft länger anhaltendes Rufen ist nichts anderes als ein Bettellaut, der die akustische Verbindung zu dem in der Nähe nach Futter suchenden Altvogel herstellt. Der Altvogel wird sich dem Jungen aber nur dann nähern, wenn keine Gefahr für ihn besteht. Der in der Nähe des Jungvogels stehende Mensch stellt aus Altvogel-Sicht ein erhöhtes Risiko dar. Deshalb wird sich der Elternvogel mit dem Futter im Schnabel so lange versteckt aufhalten, bis wir uns entfernen. Kurz danach wird das bettelnde Junge gefüttert und durch entsprechende Laute in ein nahes Versteck gelockt.

Sitzt der Jungvogel jedoch auf einer befahrenen Straße oder einem Radweg, sollte man ihn aufnehmen und in ein nahe gelegenes Gebüsch bringen, auf einen Ast, ein Garagendach oder eine Wiese setzen.

Unser Anfassen schadet dem Tierchen entgegen landläufiger Meinung überhaupt nicht. Die meisten Vogelarten haben im Vergleich zu Säugetieren einen ausgesprochen schlechten Geruchssinn, sodass ein Anfassen nicht zum Verstoßen des Jungen führt. Ist man sich unsicher, ob Altvögel in der Nähe sind, sollte man den Jungvogel einige Zeit aus der Entfernung beobachten. In der Regel kehren Elternvögel innerhalb einer Stunde zu ihrem Jungen zurück. Für den Fall, dass die Altvögel aus irgendeinem Grund nicht mehr füttern, sollte man fachlichen Rat suchen und den Kleinen in einer behördlich genehmigten Vogelauffang- und Pflegestation abgeben. Die Adressen kennen die staatlichen Vogelschutzwarten der Länder und die Naturschutzbehörden.

Wenn ein Vogel gegen eine Scheibe geflogen ist und benommen am Boden sitzt, genügt es oftmals, ihn in einen kleinen, dunklen Pappkarton mit Deckel zu setzen und abzuwarten. Schon nach einigen Stunden entscheidet sich, ob der Vogel wieder gesund wird oder so stark geschädigt ist, dass er stirbt. Hier kann in der Regel auch kein Tierarzt helfen. Wenn er die Nacht überlebt, ist er am nächsten Morgen meist so fit, dass er dann schon wieder freigelassen werden kann.

Wurde ein Vogel Opfer des Straßenverkehrs, sind meist Brüche auszukurieren. Hier empfiehlt sich die Abgabe an eine staatlich anerkannte Auffang- oder Pflegestation, die meist von einem Tier- oder Naturschutzverband betrieben wird.

Matte oder apathisch herumsitzende Vögel können entweder stark abgemagert sein (zum Beispiel infolge von Nahrungsmangel, Parasiten, Krankheiten) oder Vergiftungserscheinungen zeigen. Auch diese Vögel sollten professionell behandelt werden und einem Tierarzt oder einer anerkannten Auffang- oder Pflegestation übergeben werden. Diesen Tieren sollte man durchaus gut gemeinte, aber meist erfolglose eigene Experimente ersparen.

Allein sitzende und rufende Jungvögel benötigen unsere Hilfe meist nicht. Die Altvögel befinden sich in der Nähe und versorgen die Kleinen weiter, sobald wir Menschen uns entfernen.

Städtische Binnengewässer werden von uns zur Erholung, von – im Bild von links nach rechts – Kanadagänsen, Höckerschwänen, Stockenten und Blässhühnern als Brut-, Nahrungs- und Rastplätze genutzt.

Vögel an Gewässern in der Stadt

An den Parkteichen und Flüssen in Städten, vor allem dort, wo gefüttert wird, findet sich eine bunte Mischung an Wasservögeln ein. Neben Stockenten, Hausentenrassen und deren Bastarden sind dort häufig auch Höckerschwäne, Blässrallen (Blässhühner) und Teichrallen (Teichhühner) vertreten. Dazu kommen Neozoen wie Kanadagänse, Mandarinenten, Nilgänse oder die asiatischen Streifengänse, die alljährlich auf ihrem Zug zwischen ihren Sommer- und Winterquartieren in Asien die höchsten Erhebungen des Himalaja durch aktives Fliegen überqueren.

Bei der Mandarinente handelt es sich hierzulande um Nachkommen von Gefangenschaftsflüchtlingen. Diese kleine Entenart konnte sich bei uns fest etablieren und kleine, sich selbst erhaltende Populationen aufbauen. Abbildungen der äußerst farbenfrohen Erpel der Mandarinente finden sich als Zierelemente in vielen chinesischen und japanischen Malereien. Heute leben wahrscheinlich in Europa mehr Mandarinenten als in ihrem ostasiatischen Verbreitungsgebiet, das stark geschrumpft ist und den Tieren nur noch ein inselartiges Vorkommen ermöglicht. Somit stellen »unsere« Mandarinenten heute eine echte Reservepopulation für eine in ihrer ursprünglichen Heimat bedrohte Art dar.

Die Stockente

Weit verbreitete Stammmutter aller Hausentenrassen

Die hühnergroße Stockente kommt als Brutvogel so gut wie auf der gesamten Nordhalbkugel unserer Erde vor. Darüber hinaus wurde sie unter anderem auf Hawaii, in Australien und Neuseeland eingebürgert. Die bunten Erpel dieser Gründelente legen im Hochsommer ein Schlichtkleid an, mit dem sie der Färbung der Weibchen sehr ähneln. Durch ihre grüngelben Schnäbel unterscheiden sie sich dennoch eindeutig von der Weiblichkeit. Vor allem an Fütterungsstellen in Parkanlagen und an städtischen Fließgewässern sind oft halb zahme Stockenten auch mit abweichender Färbung zu sehen. Befürchtungen, dass diese Bastarde zwischen der Wildform und verschiedenen Hausentenrassen eine Gefährdung für die Stockente als wild lebende Art darstellen, sind unbegründet. Stockenten zeigen sich hierzulande das ganze Jahr. Während viele der Tiere Standvögel sind, finden sich im Herbst und Winter zusätzlich überwinternde Stockenten aus ost- und nordeuropäischen Populationen ein. Auch die bei uns nur rastenden oder überwinternden Individuen werden in der Stadt vorübergehend futterzahm.

Kein Geringerer als der Naturforscher und Nobelpreisträger Konrad Lorenz hat der Stockente und ihren Verwandten mit seiner 1941 erschienenen Arbeit »Vergleichende Bewegungsstudien der Anatinen«, die zurecht als Glanzstück vergleichend systematischer Verhaltensforschung gilt, ein Denkmal gesetzt. An 21 Wildentenarten und verschiedenen Mischlingsformen verglich Lorenz deren Verhalten und Ausdrucksbewegungen. Er konnte zeigen, dass ursprünglich zweckgebundene Verhaltensweisen wie Trinken, Putzen oder Drohen in der Balz zu Ausdrucksbewegungen (Signalen) werden – und das bei den verschiedenen Arten in unterschiedlich stark abgewandelter Form. Während zum Beispiel der Stockenten-Erpel beim »Scheinputzen« mit dem Schnabel hinter den leicht angehobenen Flügel fährt, dort aber, anstatt richtig zu putzen, den Schnabel über die Unterseiten der Schwungfederkiele zieht und so ein weithin hörbares »Ratschen« erzeugt, betippt der sehr bunte Mandarinentenerpel beim Scheinputzen nur noch demonstrativ seine auffälligen Schmuckfedern, die wie ein Segel hinter dem Flügel hervorragen. So leicht wie bei diesen Vögeln können wir bei keinen anderen Tieren mitten in unseren Städten diese Ergebnisse des großen Verhaltensforschers durch einfaches Beobachten der Entenbalz nachvollziehen.

Außerhalb der Brutzeit leben Stockenten gesellig. Die Paare finden sich meist schon im Herbst zusammen. Im Winter zeigen Stockenten dann sogenannte »Gesellschaftsspiele«. Während dieser Sozialbalz sammeln sich mehrere Erpel um ein oder wenige Weibchen auf dem Wasser. Ihre Erregung zeigen die Männchen durch einleitendes Schütteln, gefolgt vom Hochreißen des Körpers aus dem Wasser und einem charakteristischen Kopfschlenkern, welches von einem hellen Piff (»Grunzpfiff«) begleitet wird. Auch beim Hoch- und Zurückreißen des Kopfes (»Kurz-Hoch-Werden«) ist der Pfiff zu hören. Wenn ein Erpel dann flach auf dem Wasser ausgestreckt zu dem Weibchen schwimmt, »hetzt« ihn dieses durch kurze Kopfbewegungen über seine Schulter wiederum auf fremde Weibchen. Im Frühjahr jagen mehrere Männchen in der Luft hinter einzelnen Weibchen her, ein Verhalten, das »Reihen« genannt wird. Auf dem Wasser kommt es dann nicht selten zu sogenannten »Vergewaltigungen« der Weibchen durch mehrere Erpel. Wenn Ausweichmöglichkeiten in dichten Stadtpopulationen fehlen, enden diese Fremdbegattungen – die eigentlich der Absicherung der Fortpflanzung dienen – mitunter tragisch: Durch ständiges Unterwasserdrücken seines Kopfes kann das Weibchen ertrinken.

So lebhaft die Balz verläuft, so still und heimlich findet das Brutgeschäft statt. Die Weibchen legen gut versteckt und oft weit vom nächsten Wasser entfernt ab März ihre Nester an den verschiedensten Stellen an: Plätze im Schilf, in verlassenen Nestern anderer Großvögel in Bäumen, in Nistkästen, auf Kopfweiden und selbst an und auf Gebäuden, zum Beispiel in Blumenkästen oder auf wenig genutzten Balkonen. Die meist sieben bis elf Eier werden knapp vier Wochen lang bebrütet. Wenn dann die Entenküken in luftiger Hochhaushöhe schlüpfen, ist es durchaus sinnvoll, sie mit menschlicher Hilfe in einem Karton bis zur ebenen Erde zu befördern, damit sie von dort von der Entenmutter und in ständigem Rufkontakt zu ihr bis zum nächsten Gewässer geleitet werden. Wenn eine solche Mutterfamilie zur Straßenüberquerung im Entenmarsch dann noch

»vorschriftsmäßig« den Zebrastreifen nutzt, ist das nicht selten ein Pressefoto wert. Bezüglich ihrer Nahrung sind Stockenten nicht wählerisch. Die Allesfresser verzehren Kleintiere aus dem Wasser, Samen und grüne Pflanzenteile bis hin zu Brot- und Speiseresten an den Futterstellen. Vor allem im Herbst und Winter unternehmen sie besonders in der Abenddämmerung auch Nahrungsflüge auf Äcker und Wiesen. Die Erpel tummeln sich ab Juni gesellig in Mausertrupps auf Gewässern. Ab September und Oktober tragen sie wieder ihr Prachtkleid, um damit während der Balz in Verbindung mit ihren Ritualen Eindruck zu schinden.

Todesursache Botulismus

Eine der schlimmsten Krankheiten, die zu verheerenden Massensterben von Wasservögeln und Limikolen (Regenpfeiferartigen, Watvögeln) führen kann, ist Botulismus.

Verursacher ist das Bakterium *Clostridium botulinum.* Das durch die Bakterien produzierte starke Nervengift blockiert bei Wirbeltieren die Informationsübertragung innerhalb des Nervensystems und zwischen Nerv und Muskel. Die Folge sind Lähmungserscheinungen, die bei Wasservögeln und Limikolen typischerweise von hinten nach vorne verlaufen: Zuerst versagen die Beine ihren Dienst, dann die Flügel und schließlich die Halsmuskeln. Dies führt dazu, dass der Kopf nicht mehr aufrecht gehalten werden kann. Die Wasservögel torkeln, brechen zusammen – der Tod tritt meistens durch Lähmung der Atem- oder Herzmuskulatur ein. Bei auf dem Wasser schwimmenden Vögeln ertrinken die Tiere regelmäßig bereits vorher (zumeist mit ausgebreiteten Flügeln), weil sie den Kopf nicht mehr über Wasser halten können.

Die Übertragung auf andere Wasservögel erfolgt über die am Gewässer befindlichen Kadaver, wobei andere Vögel an den Kadavern picken, oder über die dann häufig sehr hohe Clostridien-Konzentration im flachen, warmen Uferbereich. Bereits zwei Maden, zum Beispiel aus einem Kadaver, die als Wirbellose das Nervengift anreichern, ohne daran zu sterben, können ausreichen, um einer Ente die tödliche Dosis zu verabreichen. Botulismus entwickelt sich meist im Schlamm von stehenden, nährstoffreichen Gewässern unter Sauerstoffabschluss und warmen Temperaturen. Verantwortlich für den Krankheitsausbruch ist oft die kritische Gewässersituation an Parkgewässern, hervorgerufen durch Fütterung, Verschlammung, hohen Fisch- und Vogelbesatz sowie ungenügende Belüftung.

Das Teichhuhn

Nicht Huhn, sondern Ralle

Das taubengroße Teichhuhn, auch Teichralle und früher wegen seiner Beinfärbung »Grünfüßiges Teichhuhn« genannt, ist kein Hühnervogel, sondern eine Ralle. Der schmale, wie zusammengedrückt wirkende Körperbau und die langen Zehnen sind rallentypisch. Bei Gefahr flüchten Teichhühner nach Rallenart meist schnell in dichte Vegetation. In unseren Städten sind sie jedoch vielfach zu futterzahmen Parkvögeln geworden, die wir aus nächster Nähe beobachten können.

Das rote Stirnschild und ein roter Schnabel mit gelber Spitze sind Kennzeichen der überwiegend grauschwarzen Altvögel, an deren Flanken sich beidseitig ein weißes Band aus einzelnen Streifen entlangzieht. Besonders typisch ist das weiße Dreieck auf der Unterseite des kurzen, häufig zuckenden und häufig aufgestellten Schwanzes. Erwachsene Jungvögel tragen im ersten Winter noch ein einfarbig braunes Körpergefieder.

Die sehr anpassungsfähige Art ist nahezu weltweit verbreitet. Sie besiedelt unterschiedlichste Gewässer, die wegen eines hohen Nährstoffgehalts reich mit dichter Ufer- und Schwimmblattvegetation bewachsen sind. Dank ihrer großen Füße können Teichhühner darin geschickt klettern oder über die Schwimmblätter laufen. Früchte, Blätter, Sprossteile von Wasser- und Sumpfpflanzen sowie Insekten, Muscheln und kleine Wirbeltiere gehören zu ihrem großen Nahrungsspektrum. Mitunter gehen sie auch an Abfälle und Aas. Die Nahrung wird beim Schwimmen von der Wasseroberfläche abgelesen, im Laufen von Blättern abgepickt oder sogar von Sträuchern gesammelt, auf denen die Vögel mit den grünen Füßen sehr geschickt herumklettern. In Parks weiden sie ähnlich den verwandten Blässhühnern auf kurzrasigen Flächen.

Teichhühner sind wie alle Rallen sehr ruffreudig und verfügen über ein vielfältiges Stimmrepertoire. Ihre Laute klingen klackend schnatternd, oft metallisch hart und mit zahlreichen Variationen. Unter den Standvögeln bei uns (es gibt auch fakultative Kurzsteckenzieher) bilden sich die Paare schon im Winter, wobei das Weibchen den Partner wählt und das Männchen das Revier und den Nistplatz bestimmt. Das Nest wird direkt am Ufer oder in Ufernähe als Schwimmnest, dicht über dem Wasser in der Vegetation oder am Boden, selten im Gebüsch errichtet. Ab April werden die meist fünf bis neun Eier drei Wochen lang von beiden Partnern bebrütet. Die Dunenjungen bleiben nach dem Schlupf noch einige Tage im Brutnest, obwohl sie sofort schwimmen können. Sie sind schwarz gefärbt, haben rote Schnäbel und auf ihren Kopfoberseiten kahle, auffällig blaue und rote Hautstellen. Oft führen die Altvögel die Jungen bald in ein Aufzuchtrevier. Dort bauen sie ihnen ein neues Nest, das nachts als Schlafnest oder bei kühler Witterung von den Jungen bezogen wird. Von beiden Eltern werden sie etwa 25 Tage gefüttert. Obwohl die Jungen schon im Alter von zehn Tagen selbstständig ihre Nahrung finden, werden die Eltern länger angebettelt und Futter an deren Schnäbel gepickt. Neben den zwei bis drei Jahresbruten kommen bei Teichhühnern auch Schachtelbruten vor. Dabei führt das Männchen die Jungen allein, während das Weibchen schon wieder brütet. Gelegentlich helfen die Jungvögel der ersten Brut bei der Aufzucht der Geschwister der folgenden Brut. Dabei lässt sich beobachten, dass die älteren Jungvögel manchmal von einem Altvogel geschüttelt werden. Sie müssen nämlich bei der Fütterung der Kleineren hintanstehen. Dieses Verhalten wirkt auf uns wie eine »Erziehungsmaßnahme« für ältere Geschwister. Möglicherweise hilft es, die Unabhängigkeit der älteren Jungen zu fördern und die Geschwisterrivalität zu verringern.

So leicht wie in Städten lassen sich Teichhühner sonst nirgendwo beobachten.

Der Höckerschwan

Königsvogel und Schwergewicht

Seine majestätische Haltung machte den Höckerschwan attraktiv für Monarchen. Nach der Großtrappe ist er mit einem Körpergewicht von etwa 15 Kilogramm die zweitschwerste in Deutschland einheimische Vogelart und gleichzeitig eine der schwersten flugfähigen Vogelarten weltweit. Wenn sich Höckerschwäne mit etwa 2,40 Meter Flügelspannweite in die Luft erheben, entsteht ein singendes Fluggeräusch als sogenannter Instrumentallaut. Weiterhin charakteristisch ist neben dem schneeweißen Gefieder der leicht s-förmig gebogene Hals des Höckerschwans beim Schwimmen. Der namengebende schwarze Höcker auf dem orangeroten Schnabel des Höckerschwan-Männchens ist zur Brutzeit am deutlichsten ausgeprägt.

Als Parkgeflügel verwildert oder in vielen Teilen Europas ausgesetzt, sind Höckerschwäne von fast keinem Gewässer mehr wegzudenken. Schwäne leben oft in Dauerehe mit einem Partner und können 16 bis 20 Jahre alt werden. Ihr Verhalten bei der Verteidigung von Nest und Jungen brachte ihnen Zuschreibungen wie »heldenhaft« oder »Mutterliebe« ein. Bei den jungen Schwänen, die normalerweise ein graues Dunenkleid tragen, gibt es heute vor allem unter den halb wilden Beständen regelmäßig auch weiße Jungschwäne. Diese weiße Färbung ist ein erbliches Merkmal (Immutabilis-Mutante). Die Träger dieser Erbeigenschaft sind auch als Erwachsene noch erkennbar: Während Höckerschwäne normalerweise grauschwarze Füße und Schwimmhäute haben, sind diese bei den Immutabilis-Tieren hellgrau bis fleischfarben.

Mit dem »hässlichen Entlein« (Schwanenjunges), das zunächst grau, tapsig und unproportioniert daherkommt, um sich dann in einen stolzen, schönen Schwan zu verwandeln, wurde und wird(?) schon manchem Menschenmädchen Mut gemacht, dass sich ein Mädchen nach der Vorpubertät und ungünstig proportioniert durchaus zu einer schönen Frau entwickeln kann.

Bitte nicht füttern!

Obwohl sehr beliebt bei Jung und Alt, ist das Füttern von halb zahmen Wasservögeln an Park- und Stadtgewässern besonders problematisch. Überfütterte und falsch ernährte Tiere werden leicht krank und in unseren dicht bevölkerten Teichen breiten sich Krankheiten schnell aus.

Wie wir zum Leben Sauerstoff in der Atemluft benötigen, brauchen Fische und andere Wassertiere den Sauerstoff im See. Mit zunehmender Erwärmung des Gewässers speichert das Wasser immer weniger davon. Dazu kommt ein weiteres Problem vieler Seen und Teiche in der Stadt: zu viele Nährstoffe im Wasser – und damit noch weniger »Luft« zum Atmen. Diese Nährstoffe werden als Futter für Enten und Fische ins Wasser geworfen, meist sind es Brotreste. Vieles davon wird gefressen, aber ein großer Teil bleibt übrig. Er wird von Bakterien im Wasser abgebaut, die dabei wiederum vom ohnehin knappen Sauerstoff zehren. Algen entwickeln sich üppig in solch »überdüngten« Gewässern, auch sie werden später abgebaut – wieder unter Sauerstoffverbrauch. Zuerst wird es dann für Fische und andere Wassertiere gefährlich: Sie ersticken, wenn der See »umkippt«. Im schlimmsten Fall, wenn der Sauerstoff verbraucht ist und immer noch zu viel Nährstoffe (Futter) vorhanden sind, beginnen sie im Schlamm und im Wasser zu faulen. Dabei können sich Gifte bilden, an denen auch Wasservögel sterben.

Wasservögel sollten daher nicht gefüttert werden. Falls die Problematik des Fütterns an städtischen Gewässern nicht in den Griff zu bekommen ist, können Erfahrungen einiger Parkverwaltungen hilfreich sein: Sie bieten Fütterungen unter kontrollierten Bedingungen mit artgerechtem Futter an, um zu informieren und die Problematik zu entschärfen (zum Beispiel »Ente-Erna-Treff« im Bad Nauheimer Kurpark).

Die Nilgans

Die Gans im Baum und auf dem Turm

Normalerweise kennen wir Gänse schwimmend auf Gewässern und als Landgänger Futter suchend oder ruhend auf kurzrasigem Gelände. Wenn uns aber eine Gans aus einem Baum im Stadtpark oder am Ufer des Flusses von oben herab anschaut oder sogar als »Türmer« vom Stadtturm herabblickt, wirkt solcherart Verhalten auf uns ungewöhnlich. Es sind Nilgänse, die als sehr geschickte Flieger ohne Mühe auf Bäumen, Felsen oder Gebäuden landen und dort sogar nisten können. Hierzulande brütet die zu den Halbgänsen zählende Art seit 1977 mit steigender Tendenz. In Afrika, wo ihre Herkunft liegt, besiedelt die bunte Gans mit dem relativ kurzen Hals und dem Entenschnabel eine Vielzahl steppenartiger Gebiete und Savannen bis in die Hochgebirgsregionen Äthiopiens, fehlt jedoch in waldreichen Gebieten. Schon im 17. Jahrhundert nach England und Schottland eingeführt, brüten die Gefangenschaftsflüchtlinge und ihre Nachkommen heute auch in Holland, Belgien und Deutschland. In Europa sind sie immer noch mehr oder minder Parkvögel oder Brutvögel parkähnlicher Kulturlandschaften. Die oberseits düster braun bis olivgrau, unterseits heller graubeige gefärbten Altvögel mit beidseitig dunklen Augenflecken, dunklem Bauchfleck, rosafarbenem Schnabel und ebensolchen Beinen und dem im Flug sichtbaren weißen Vorderflügeln sind ausgesprochen hübsch.

Weil sie sich kaum an bestimmte Brutzeiten halten, kann man Nilganspaare mit ihrem Nachwuchs mancherorts im Spätwinter beobachten. Weil sie auch größere Nester anderer Vögel nutzen, erbrüten Nilgänse ihre fünf bis acht Jungen nicht selten auch in extra für Weißstörche errichteten Nestplattformen – sehr zum Ärger der Weißstorchschützer. Während der Brutzeit verteidigt das Paar sein Revier gegen Artgenossen, aber auch gegen schwächere Artverwandte, was bei Naturschützern zur Vermutung führte, dass diese Neubürger einheimische Arten verdrängen würden. Untersuchungen an unterschiedlichen Standorten von Nilgänsen in Frankfurt am Main und entlang des Mains zeigten jedoch, dass das Problem überschätzt wird, sich Nilgänse weit mehr mit den eigenen

Artgenossen als mit anderen Arten auseinandersetzen, das aggressive Verhalten aber durch Fütterung verstärkt werden kann: Waren Nilgänse an regelmäßiges Füttern durch Publikum gewohnt, reichte schon das Auftauchen eines Menschen als potenzieller Futtergeber, dass ein ortsansässiges Paar versuchte, alle möglichen »Mitbewerber um die milden Gaben« zu verjagen.

Liegt das Nest nicht versteckt unter Gebüsch am Boden, sondern in luftiger Höhe, hilft den Junggänsen, die als Nestflüchter gleich nach dem Schlupf ihr Nest verlassen, nur ein beherzter Sprung in die Tiefe, ermuntert durch die fürsorglichen Eltern.

Nilgänse – bei uns längst heimische »Afrikaner«

Kanadagans und Streifengans

Hübsch anzusehen, oft schwer zu tolerieren

Schon im 17. Jahrhundert wurden die hübschen Kanadagänse aus Nordamerika in Großbritannien als Ziergeflügel eingeführt. Seit dem 18. Jahrhundert sind sie auf dem europäischen Festland als Parkvögel bekannt. Aus der Gefangenschaft ausgebüxt oder regional von Jagdvereinen zur Bereicherung der Wasservogeljagd gezielt ausgewildert, konnten sich die Gänse seitdem bei uns stark vermehren. In Parks und parkähnlichem Gelände mit kurzrasigen Flächen und geschützten Plätzen zum Brüten fühlen sie sich besonders wohl. Während sich die Kanadagans bei uns fest etablieren konnte, brütet die asiatische Streifengans hierzulande nur gelegentlich. Kanadagänse tolerieren die Nähe des Menschen meist mehr und eher als andere Gänse und sind deshalb an Parkgewässern und Seen mit starker Freizeitnutzung durch den Menschen häufiger zu finden – wodurch vor allem durch ihre Hinterlassenschaften in Form von Gänsekot auf Liegewiesen und am Gewässerrand Probleme vorprogrammiert sind. Einsätze durch Falkner, Hunde, die vor dem Eintreffen der Badenden die Gänse vertreiben sollen, oder neuerdings der Einsatz unbemannter Flugobjekte wie Drohnen sollen helfen, solche Konflikte zwischen Vogel und Mensch zu vermeiden. Gelegentlich hilft auch eine niedrige Einzäunung der Liegeflächen, solange die Gänseeltern ihre kleinen, nicht flugfähigen Jungen führen. Hinzu kommt, dass die Gänseeltern zur Brutzeit recht aggressiv gegenüber Menschen reagieren und so menschliche Erholungsbedürfnisse durchaus einschränken. An sich regelmäßig wiederholende Vertreibungsmaßnahmen gewöhnen sich die Gänse rasch. Nachdem auch ein Mahdverzicht an Badeplätzen als »gänseunfreundliche Maßnahme« ausscheidet, bleiben letztlich nur die kurzfristig wirkenden Maßnahmen und mehr Toleranz gegenüber den Gänsen als Lösungen des Problems.

Die Streifengans: Sie ist Höhenrekordhalterin, weil sie in ihrer asiatischen Heimat regelmäßig den Himalaja durch aktives Fliegen überquert.

Entlang von Fließgewässern

Für fast jeden von uns ist ein Bach oder Fluss auf kurzem Weg erreichbar. Beim Spazieren entlang der Ufersäume lohnt es sich, Augen und Ohren offen zu halten. Dort lassen verschiedene Rohrsänger-Arten ihre Gesange ertönen, singt nicht selten die Nachtigall herzergreifend melodisch und macht der kleine Zaunkönig umso lauter Radau. Wo sich am Ufer größerer Flüsse Steine befinden, lassen sich insbesondere Insekten beobachten. Die Larven der Eintagsfliegen und Steinfliegen kriechen dort zur Häutung aus dem Wasser. Mit etwas Glück können wir beobachten, wie ein solches Insekt schlüpft. Auch Kleinsäuger halten sich gerne in den Gehölzsäumen der Fließgewässer auf. Weniger witzig als die tanzenden Schwarmwolken der Eintagsfliegen, erkennbar an den großen Flügeln und langen Schwanzfäden, sind die abendlichen Stechmückenschwärme, die uns dennoch nicht von einer Fledermausexkursion abhalten sollten. Auf dieser können wir im Sommer die Nachtjäger entlang der Vegetation und über dem Gewässer beobachten – und mithilfe eines Bat-Detektors (Fledermausdetektors) vor allem auch hören.

An den größeren Flüssen finden sich während der Wintermonate auch im Binnenland große Mengen von Möwen ein. Neben Sturmmöwen, Mittelmeermöwen, Steppenmöwen und Silbermöwen ist die Lachmöwe hierzulande die mit Abstand häufigste Möwenart. Als Wintergäste sind an den großen Flüssen und anderen größeren Gewässern regelmäßig auch Kormorane zu beobachten. Zu einem großen Teil handelt es sich dabei um Überwinterungsgäste aus Nordeuropa, die – wie die Lachmöwen und andere Wasservögel – die Klimagunst von Stadt und Fluss zur energieeffizienten Überwinterung nutzen. Bevorzugte Schlafplätze von Kormoranen sind störungsarme Inseln im Fluss, wobei sie auch technisch entstandene Inseln im unmittelbaren Umfeld von menschlichen Siedlungen wie Schleuseninseln gerne nutzen. Solche Inseln sind – auch mitten in Städten – bevorzugte Brutplätze auch des Graureihers, der dort häufig keine Bodenfeinde fürchten muss und dann sogar am Boden brütet. Von dort aus brechen die Vögel regelmäßig auch in Wohngebiete auf, in denen es an fischreichen Gartenteichen leichte Beute gibt. Dann wird nicht der Hecht im Gartenteich, sondern der Graureiher an demselben für manchen stolzen Zierfischbesitzer zum Ärgernis. Graureiher nisten gerne auch in den Bäumen von Zoos und Tierparken. Von dort aus haben sie kurze Wege zum Futter in den Teichen und Wassergräben der Freianlagen.

Die Lachmöwe

Möwe des Binnenlandes mit Regentrick

Zwar tauchen auch andere Möwenarten zum Teil sehr tief im Binnenland auf. Doch keine davon kommt hierzulande so regelmäßig und häufig vor wie die Lachmöwe. Ihr Name leitet sich wohl von ihren an menschliches Lachen erinnernden Lauten ab.

Lachmöwen tragen während der kalten Jahreszeit ihr Schlichtkleid, das heißt, sie haben die auffällige schwarze »Kapuze«, die sie während der Brutzeit tragen, gegen ein überwiegend weißes Kopfgefieder eingetauscht und nur ein dunkler Ohrfleck erinnert an die charakteristische Farbe des Kopfgefieders. Als Nahrungsopportunisten nutzen Lachmöwen jede Möglichkeit, schnell und ohne großen Aufwand an Nahrung zu kommen. Daher sind sie in großer Zahl an Futterstellen, an Kompostwerken oder auch auf Mülldeponien zu finden. Am Abend sammeln sich die Möwen an bestimmten Plätzen, um dort gemeinschaftlich zu schlafen. Am Rhein bei Wiesbaden und Mainz befindet sich einer der größten Schlafplätze von Möwen im Binnenland. Je nach Witterung versammeln sich dort abends bis zu 40 000 Möwen. Als Besonderheit kann dort beobachtet werden, dass die Lachmöwen auf dem Rhein eine sogenannte Schlafwalze bilden: Sie setzen sich auf das Wasser, lassen sich schlafend ein Stück den Rhein hinuntertreiben, fliegen dann wieder flussaufwärts, um erneut auf dem Wasser landend sich wiederum treiben zu lassen.

Lachmöwen brüten in teilweise sehr großen Kolonien in den Verlandungszonen stehender oder langsam fließender Gewässer und auf kleinen, bewachsenen Inseln. Als Allesfresser und »Müllschlucker« finden sie sich in Städten und im städtischen Umland auf Äckern, Wiesen, in Industrie- und Hafenanlagen ein. Sie können sich aus Abfalleimern ernähren und folgen den Traktoren beim Pflügen auf den Feldern. Dort kommen sie leicht an Regenwürmer, ihre Hauptnahrung im Binnenland. Wo kein Traktor ist, der ihnen den Tisch deckt, wenden Lachmöwen den »Regentrick« an: Weil Regenwürmer sehr empfindlich auf Erschütterungen des Bodens reagieren und beispielsweise nach oben kommen, wenn Regentropfen auf die Erde treffen, ahmen Lachmöwen diesen Effekt durch ein »Auf-der-Stelle-Treten« auf Rasenflächen nach. Die so getäuschten Regenwürmer brauchen dann nur aufgesammelt zu werden. Auch unsere Amseln beherrschen dieses Verhalten, das von den sportlich verspielten Engländern sogar als Wettbewerb ausgebaut wurde: Beim »worm charming« (Würmer verzaubern) trampeln, hüpfen und tippeln die Mitspieler allen Ernstes auf dem Rasen, um so möglichst viele Regenwürmer pro zugewiesenem Quadratmeter aus dem Boden hervorzuzaubern. Prost Mahlzeit ...

Lachmöwen: im Prachtkleid mit schokoladenbrauner Gesichtsmaske, im Schlichtkleid mit hellem Kopf und dunklem Augenfleck

Der Zaunkönig

Einer der Kleinsten

Der Winzling erreicht nur ein Drittel der Sperlingsgröße: Nach den beiden Goldhähnchen – Sommergoldhähnchen und Wintergoldhähnchen – ist der Zaunkönig der drittkleinste Vogel Europas. Seine rundliche Gestalt und der kurze, meist hochgestellte Schwanz machen ihn unverwechselbar. Das dunkelbraune Gefieder des Zaunkönigs ist unterseits etwas heller. Flanken und Schwanz sind quer gebändert. Bei Erregung knickst er im Sitzen. Die Vögelchen rufen hart »tek-tek ...«, bei größerer Erregung auch »drrr«. Ihr Flug ist schnurrend, geradlinig.

In Städten fühlt sich der tag- und dämmerungsaktive Zaunkönig in Parkanlagen, auf Friedhöfen, in Gärten mit viel Gebüsch und in der Ufervegetation von Gewässern wohl. Auf der Suche nach Insekten und Kleintieren schlüpfen Zaunkönige mäuseartig durchs Gebüsch. Sie singen auffällig laut, mit trillernden und schmetternden Abschnitten. Und das selbst mitten im Winter. Das Nest der Freibrüter oder Nischenbrüter ist ein geschlossener Bau aus Laub, Halmen und Moos mit ovalem Flugloch. Als Neststandorte kommen frei liegendes Wurzelwerk an Bachufern, Wurzelteller umgestürzter Bäume, Stammausschläge, Rankpflanzen und Mauernischen in Frage. Das Männchen baut schon ab Mitte März mehrere Wahlnester, die vom Weibchen inspiziert und ausgewählt werden. Die Zaunkönigin unterstützt ihren Partner nur beim Innenausbau des von ihr erwählten Nestes. Zaunkönige haben zwei Jahresbruten. Legebeginn ist Anfang April, meist Mitte April bis Anfang Mai. Nach der Zweitbrut ab Anfang Juni bis Anfang Juli endet die Brutperiode normalerweise Ende Juli. Das Weibchen bebrütet die fünf bis sieben weißen Eier alleine 14 bis 17 Tage lang. Manche Männchen haben mehrere Weibchen. Dann helfen sie beim Füttern oft nur bei einer Brut. Die Zaunkönig-Jungen verlassen nach 15 bis 18 Tagen das Nest. Zaunkönige sind Teilzieher, wobei die ziehenden Tiere unter ihnen nur kurze Strecken zurücklegen. Sie kehren bereits ab Anfang Februar zu uns zurück.

Das Leichtgewicht von nur acht Gramm Körpergewicht muss als Standvogel in kalten Wintern seinen Energieverlust möglichst gering halten. Dazu bilden Zaunkönige häufig Schlafgemeinschaften mit bis zu 20 Vögeln in Baumhöhlen oder Nistkästen, wo sich die Tiere gegenseitig wärmen. Dennoch können strenge, länger andauernde winterliche Wetterlagen die Bestände drastisch reduzieren. Polygamie scheint der entscheidende Schlüssel für die Kompensation dieser hohen Verluste zu sein. Die Männchen haben oft in einer Brutperiode mehrere Weibchen. Dafür müssen sie aber auch für mehr Wohnraum sorgen, indem ein Männchen bis zu zehn Nester zur Auswahl baut.

Zwar gibt es für Zaunkönige spezielle Nisthilfen im Handel zu kaufen. Doch das Anbieten von Nisthilfen für Zaunkönige ist eher Kür als Notwendigkeit. Viel mehr helfen wir dem »Mäusekönig« und »Dickichtschlüpfer«, wenn er strukturreiche Gärten, Parks, naturnahe Bachauen und verwildertes Gelände mit überwachsenen Zäunen, Dornengebüsch, Brombeergebüsch sowie Ruinen und Mauern vorfindet.

Klein und besonders laut: der Zaunkönig mit seinem schmetternd, trillernden Gesang

Vogelleben im Park

Parks und große Gärten sind wichtige Rückzugsgebiete für Tiere in der Stadt. Gerade die alten Baumriesen in Parkanlagen haben eine hohe Bedeutung im Leben vieler Tierarten. Viele Insektenlarven leben im Altholz, Spechte finden dort ihre Nahrung und schlagen dort bevorzugt ihre Höhlen, die auch von anderen höhlenbrütenden Vogelarten oder Fledermäusen als Nachmieter genutzt werden.

Rasenflächen und vielfach auch Wiesen sind weitere Teile der städtischen Kulturlandschaft Park. Wiesen haben einen stockwerkartigen Aufbau: Am Boden befinden sich Blattwerk und Wurzelwerk sowie Ansammlungen abgestorbener Pflanzenteile. Es folgt eine Zone mit Halmen, Stielen und Blättern und schließlich die Schicht, in der Knospen, Blüten und Früchte einander im Jahresverlauf ablösen. Wiesen werden selten im Jahr geschnitten, dadurch kommen die Gräser und Kräuter zum Blühen. Im Gegensatz zum kurz geschorenen »englischen« Rasen sind sie deshalb reich an Blüten und Strukturen: Sehr viel mehr Insekten können dort als Blütenbesucher Nektar und Pollen aufnehmen oder als Pflanzensaftsauger existieren. In ihrer Folge stellen sich Vögel ein, die sich von Früchten, Samen oder den Insekten ernähren. Auch beim Vogelvergleich sind Rasen ärmer an Arten als Wiesen. Regelmäßig zur Nahrungssuche tauchen auf Rasen meist nur Amseln, Stare und Krähen auf.

Unscheinbar und versteckt lebend, fällt die Gartengrasmücke meist nur durch ihre Stimme auf.

Vor allem den garten- und vogelbegeisterten Engländern ist der Begriff »gardenbirds« geläufig. Immerhin drei Arten aus der Unterordnung der Singvögel hören auf einen »offiziellen« deutschen »Gartennamen«: die Gartengrasmücke, der Gartenbaumläufer und der Gartenrotschwanz. Alle drei lassen sich neben vielen anderen Vogelarten in städtischen Parks beobachten. Der Gartenbaumläufer huscht an Baumstämmen entlang und sucht mit seinem langen, gebogenen Schnabel selbst in kleinsten Ritzen nach Insekten. Die versteckt lebende, eher unscheinbare Gartengrasmücke bemerken wir oft nur, wenn sie singt. Der Gartenrotschwanz ist von Haus aus viel seltener in der Stadt anzutreffen als der Hausrotschwanz und mit dem Rückgang der traditionellen Streuobstwiesen vielerorts noch seltener geworden. Die Männchen unterscheiden sich von denen des Hausrotschwanzes durch ihre rostrote Brust und die weiße Stirn.

Die Gartengrasmücke

Eine unscheinbare Sängerin

Unterholzreiche Laub- und Mischwälder, gebüschreiches, offenes Gelände, Ufergehölze oder Bruchwälder mit Unterwuchs und Brennnesselgestrüpp sind die Hauptlebensräume der Gartengrasmücke. In Städten besiedelt das unscheinbare, oben graubraune bis leicht olivfarbene, unten rahmfarbene Vögelchen, das kleiner als ein Sperling ist, unterwuchsreiche Parks und verwilderte Gärten. Das unordentlich wirkende, aus Grashalmen und feinen Wurzeln gebaute Nest wird meist weniger als einen Meter hoch über dem Erdboden in dichtem Gestrüpp angelegt. In ein bis zwei Jahresbruten brüten die gleich gefärbten Elternvögel die meist drei bis fünf Eier pro Brut gemeinsam aus und teilen sich auch die Aufzucht der Jungen. Der Warnruf der scheuen Gartengrasmücken, die sich meist »unsichtbar« in dichtem Buschwerk aufhalten, ist ein rhythmisches »wät-wät-wät«. Ihr plappernder Gesang besteht aus weichen, klaren Tönen. Sie ernähren sich vor allem von Insekten, im Herbst auch von Beeren. Für ihren Nonstop-Flug übers Mittelmeer und die Sahara in die afrikanischen Winterquartiere fressen sie sich als Energiereserve bis zu 30 Prozent ihres Normalgewichts an Fett an.

Vom Schlüpfer zur Mücke

Wer ihn zum ersten Mal vernimmt, denkt beim Namen »Grasmücke« wohl eher an ein mückenähnliches Insekt, das sich bevorzugt im Gras oder über Wiesen aufhält. Weit gefehlt, wie Natur- und Vogelfreunde wissen! Eine ganze Singvogel-Gattung, die Grasmücken *(Sylvia)*, wird so genannt. Die Vögel sind alle recht klein oder gut sperlingsgroß und ernähren sich von Insekten. Wer jetzt meint, dass sich diese Vögelchen meist im Gras tummeln, liegt immer noch nicht richtig: Bevorzugter Aufenthaltsort von Grasmücken ist dichtes, dorniges Gestrüpp oder der Wald.

Erst die wortgeschichtliche Erklärung ihres Namens lichtet das »Grasmücken-Namensdickicht« etwas. Ab dem 11. Jahrhundert und in den folgenden 300 Jahren nannte man sie »grasimugga« oder »grasmucka«, wobei der zweite Wortbestandteil »smucka« wohl als Ableitung von »smuken« (Schlüpfen) zu verstehen ist. Mit »Schlüpfer« sind die Dickichtliebhaber tatsächlich gut charakterisiert. Ob das »gra« im Namen »grasmucka als »grau« zu interpretieren ist oder man die Vögel einfach im sinnbildlich dichten Gras »schlüpfen« ließ, bleibt unter Namensexperten weiterhin strittig.

Wenn wir uns die Artnamen der einheimischen oder europäischen Grasmücken anschauen, sind alle sinnvoll: die Mönchsgrasmücke mit schwarzer (Männchen) oder brauner (Weibchen) Kopfzier an Mönche erinnernd, die Dorngrasmücke als Liebhaberin von Dorngebüsch, die Klappergrasmücke mit ihrem klappernden Gesang, die Sperbergrasmücke mit gesperberter Unterseite oder die Brillengrasmücke mit ihrem beidseitig schmalen weißen Augenring, um nur einige zu nennen. Nur die Gartengrasmücke tanzt etwas aus der Reihe. Sie kommt zwar auch in verwilderten Gärten vor, »smukt« aber viel häufiger durch das Unterholz von Wäldern.

Häufiger in Städten und vor allem auch leichter zu entdecken, ist die Mönchsgrasmücke. Weil sie keine speziellen Ansprüche an ihren Lebensraum stellt, kommt sie in unterholzreichen Auwäldern ebenso vor wie in jungen Baumschonungen oder Park- und Gartengehölzen. Etwa gleich groß wie die Gartengrasmücke, trägt sie namengebend im männlichen Geschlecht eine schwarze, im weiblichen eine braune Kopfplatte. Junge Mönchsgrasmücken-Männchen ähneln im Herbst mit ihrer dunkel rotbraunen Kopfplatte noch stark den Weibchen. Mönchsgrasmücken singen in klaren Flötentönen, sie variieren ihren Gesang mit Imitationen und enden oft mit lautem, wehmütig lang gezogenem Flöten. Vom Männchen werden im dichten Gestrüpp oder in Jungfichten mehrere Wahlnester angelegt, von denen das Weibchen eines aussucht, um es für die Brut fertigzubauen. Der Nestrand wird dabei oft mit Spinnweben durchwoben. Mönchsgrasmücken sind meist Kurzstreckenzieher und fliegen zum Überwintern in den Mittelmeerraum, tendieren aber seit den 1960er-Jahren klimatisch bedingt zunehmend zur Überwinterung in Westeuropa oder fliegen nach Großbritannien, um dort vom milden englischen Winter und von dem bei den Briten sehr beliebten und weit verbreiteten Vogelfüttern zu profitieren. Ihnen schadet in den Mittelmeerländern vor allem die Singvogeljagd, bei uns, wenn »Gestrüpp« in Gärten während der Brutzeit beseitigt wird. Von verwilderten, naturnahen Gärten und Parkanlagen mit Beeren tragenden, einheimischen Gehölzen profitiert dagegen unsere vielseitigste Grasmücke sehr.

Mit seinem rindenfarbigen Gefieder ist der Gartenbaumläufer beim Sitzen und Klettern an Baumstämmen bestens getarnt.

Der Gartenbaumläufer

Gut getarnter Baumsteiger

Bis auf unbedeutende Abweichungen im Gefieder, in der Zehen- und Schnabellänge ähnelt der Gartenbaumläufer sehr seinem Verwandten, dem Waldbaumläufer. Beide sind gleichermaßen an die kletternde Lebensweise an Baumstämmen angepasst, wobei sich der Waldbaumläufer mehr im Nadelwald, der Gartenbaumläufer mehr im Laubwald der Täler und deshalb auch in großen Gärten und Parkanlagen aufhält. Der Stützschwanz unterstützt ihn beim Klettern, mit dem fein gebogenen

Pinzettenschnabel werden Insekten, deren Larven und Eier aus der Borke gepult. Spiralförmig, mit kleinen Sprüngen klettern die Vögel Stämme hinauf und suchen dort hinter abstehender Rinde auch den Platz für ihr Nest. Zweigtaschen, bevorzugt aus Zweigen von Nadelbäumen, in Augenhöhe an Baumstämme gebunden, nach oben gebogen und die oberen Enden ebenfalls festgebunden, sind praktische Nisthilfen für Baumläufer, aber auch für den Zaunkönig.

Früchte und ihre Verzehrer

Bei vielen unserer Vogelarten stehen Früchte vom Frühsommer bis in den Spätwinter auf der Speisekarte. Eine aktuelle Untersuchung in der hessischen Wetterau konnte zeigen, welche Beziehungsgeflechte zwischen den Pflanzen und Vögeln bestehen und wie diese zum gegenseitigen Vorteil genutzt werden.

Die Vögel verzehren die Früchte inklusive ihrer Samen und sind dadurch als Transporteure entscheidend wichtig für die Ausbreitung der Pflanzensamen in der Landschaft. Abgesehen vom Kernbeißer, dem Steinfruchtsamen-Knacker, werden die Samenkerne von Amsel und Co. nur beim Verzehr des Fruchtfleischs mitverschluckt, um an anderer Stelle wieder ausgespuckt zu werden und so die Möglichkeit zum Keimen zu erhalten. Für die Pflanzen lohnt es sich deshalb, Energie in die Vogelfrüchte zu stecken. So locken zum Beispiel Vogelkirsche(!) und Traubenkirsche mit ihren Früchten Vögel an. Die rote Farbe der reifen Kirschen hebt sich vor dem grünen Blätterhintergrund gut für das Vogelauge ab, das zusätzlich das UV-Spektrum erkennt (siehe auch Seite 34).Vogelkirschen reifen zudem genau dann, wenn die Jungen vieler Vogelarten gerade schlüpfen. Die süßen Früchte können so zur Deckung des erhöhten Energiebedarfs an den Nachwuchs verfüttert werden.

Im Herbst verstärken sich die Bindungen vieler Vogelarten an ihre Fruchtnahrung zusätzlich. Jetzt fruchten mehr Pflanzenarten als im Frühjahr, von Weißdorn, Schlehe, Eberesche (Vogelbeere) bis Pfaffenhütchen. Das ist umso wichtiger für die Vögel, weil jetzt Insektennahrung rarer wird. Viele Arten ändern dann ihre Nahrungsvorlieben und werden vom Insektenfresser zum Fruchtspezialisten. So folgen zum Beispiel die umherstreifenden Drosselschwärme dem Fruchtangebot von Hecke zu Hecke. Mitunter fallen Seidenschwänze aus dem Norden in Schwärmen bei uns ein. Sie und die häufigeren Misteldrosseln tragen auch die klebrigen Mistelsamen, die nur auf ihren Wirtsbäumen einen geeigneten Lebensraum finden und daher ganz besonders auf die spezielle Verbreitung durch Vögel angewiesen sind, von Baum zu Baum.

28 Pflanzenarten, deren Früchte von 39 Vogelarten in den Jahren 2010 und 2011 von Juni bis Oktober in der Wetterau verzehrt (und verbreitet) wurden, zählten die Wissenschaftler der Universität Mainz und des Biodiversität und Klima Forschungszentrums in Frankfurt (BiK-F) im Rahmen ihrer Untersuchung. Als häufige und ökologisch besonders wichtige Arten auf der Vogelseite zeigten sich Amsel, Mönchsgrasmücke und Star und auf der Pflanzenseite Weißdorn, Eberesche, Schwarzer Holunder, Roter Hartriegel, Vogelkirsche und Pfaffenhütchen. Diese Pflanzen zusammen mit Efeu, Kornelkirsche, Faulbaum, Sanddorn, Gemeinem Liguster, Roter Heckenkirsche, Apfel, Pflaume, Gewöhnlicher Traubenkirsche, Schlehe, Schwarzdorn, Birne, Purgier-Kreuzdorn, Wildrosen, Brombeeren, Trauben-Holunder, Gemeiner Eibe, Wolligem Schneeball, Gemeinem Schneeball und Weißer Mistel liefern mit ihren Früchten wichtige Vogelnahrung.

Eberesche

Der Gartenrotschwanz

Bunter Langstreckenzieher

Mit dem Hausrotschwanz hat der Gartenrotschwanz einiges gemeinsam: den typisch orangeroten Schwanz, ein unentwegtes Knicksen und ein fortwährendes Schwanzzittern. Ansonsten ist das Gartenrotschwanz-Männchen mit schwarzem Gesicht und schwarzer Kehle, orangeroter Brust und weißer Stirn deutlich bunter als der rußig grauschwarze, mit deutlichem weißen Flügelfeld ausgestattete Hausrotschwanz-Mann. Beide Arten brüten in Nischen und Halbhöhlenkästen. Während der Hausrotschwanz gerne Gebäudenischen nutzt, bevorzugt der Gartenrotschwanz halb offene Baumhöhlen oder brütet sogar frei in Bäumen. Auch ihr Zugverhalten unterscheidet sich: Der Gartenrotschwanz ist ein Langstreckenzieher, der Hausrotschwanz ein Kurzstreckenzieher. Während Hausrotschwänze in Städten fast überall ein Auskommen finden, kommen Gartenrotschwänze dort in Parks mit altem Baumbestand, auf Friedhöfen, in Gärten mit alten Obstbäumen oder auf Streuobstwiesen vor. Passende Nisthilfen werden von beiden Arten gerne angenommen (siehe auch Seite 136).

Der Gartenrotschwanz: Während das Weibchen (oben) recht unscheinbar gefärbt ist, gehört das Männchen im Prachtkleid (links) zu unseren farbenprächtigsten Singvögeln.

Das Rotkehlchen

Goldige Wirkung trotz Aggressionspotential

Mit seiner rundlichen Gestalt, den großen Augen und der vorstehenden Stirn entspricht das Rotkehlchen dem Kindchenschema und wirkt auf uns meist äußerst sympathisch. Die orangerote Färbung von Gesicht, Kehle und Brust und die langen, dünnen Beinchen verstärken noch seine »goldige« Wirkung auf uns. Wenn das Männchen seinen Gesang in stimmungsvoll feierlichen Strophen vorträgt, oft noch in der späten Dämmerung und selbst an klaren, sonnigen Tagen im Herbst und Winter, erinnern wir uns durchaus an Kirchenlieder.

Beides – Gesang wie Färbung – hat im Rotkehlchenleben jedoch andere Bedeutung. Wird einem Rotkehlchen-Mann der arteigene Gesang vorgespielt und ein rotes Federbüschel ins beanspruchte Revier gehängt, erfolgt sofort ein aggressiver Angriff gegen den vermeintlichen Rivalen. Gegenüber Menschen sind Rotkehlchen dagegen oft sehr zutraulich. Schon beim Umgraben in Gärten tauchen die Bodengänger auf. Nach schnellen Bewegungen und häufigem Knicksen folgt abruptes Stillsitzen, um gezielt die von uns freigelegten Kleintiere zu vertilgen. Wo Hecken und Unterholz in Gärten und Parks vorhanden sind, finden sich Rotkehlchen ein. Die Männchen der Teil- und Kurzstreckenzieher bleiben oft ganzjährig in ihren Revieren. Der anpassungsfähigen Art dienen Reisighaufen und Halbhöhlen-Nistkästen als Brutplätze. Uns belohnen sie dafür durch fleißiges Absammeln von (Schad-)Insekten und ihren schönen Gesang rund ums Jahr. Nur gehölzfreie Innenstädte sind wirklich rotkehlchenfrei.

Von schlank bis kugelrund

Während Rotkehlchen im Frühjahr und Sommer recht schlank wirken, sind sie im Winter häufig kugelrund. Dabei wurden sie nicht wirklich »dicker« durch Gewichtszunahme. Sie setzen vielmehr ihr Gefieder als Schutz vor Kälte ein, indem sie sich aufplustern und sich so die Luft zwischen den Federn aufwärmen kann. Unsere Vögel wie das Rotkehlchen tragen gleichsam ihren »Daunenanorak« immer an sich.

Vogelfreundliche Freiflächengestaltung im städtischen Siedlungsraum – von Vorteil nicht nur für Vögel

Das Wohnumfeld naturnah zu gestalten, hilft nicht nur den Vögeln und anderen wild lebenden Tierarten um uns: Neben dem Beitrag zum Erhalt der Artenvielfalt lässt sich so auch der Erholungswert für uns Menschen steigern und wir fühlen uns wohler dort. Eine kurze Checkliste soll zeigen, wo und wie sich zusätzliche Nahrungs- und Nistmöglichkeiten für wilde Mitbewohner – von Vögeln über Kleinsäuger, Amphibien und Reptilien bis zum Heer der Wirbellosen – in der Stadt schaffen lassen.

- Stützmauern und Ziermauern: unverfugte Trockenmauern errichten; Hohlräume schaffen; standorttypische, einheimische Pflanzen zur Begrünung auswählen; Betonmauern begrünen; Niststeine einbauen.

- Hecken: standorttypische, einheimische Pflanzen setzen als Nahrungsgrundlage für Vögel (siehe auch Seite 98); Falllaub und Totholz liegen lassen; Laubhaufen und Reisighaufen anlegen; Wildkräuter fördern.

- Ziergärten und Nutzgärten: Mischkultur, mit Kompost und Pflanzenauszügen arbeiten; keine Mineraldünger und Pestizide einsetzen; Nistkästen aufhängen; Wildkräuterecken anlegen.

- Gartenteiche: einheimische Pflanzen einsetzen; keine Mineraldünger und Pestizide im Garten und in Teichnähe einsetzen.

- Rasen und Wiesen: Wiese statt Rasen; Wildkräuter fördern.

- Blumenbeete: standorttypische Stauden, Knollen- und Zwiebelpflanzen setzen.

- Gehölze: standorttypische, einheimische Pflanzenarten setzen; bei Obstbäumen alte Sorten wählen; Kompost-, Laub-, Reisig-, Holz- und Steinhaufen anlegen.

- Einfahrten, Innenhöfe, Stellplätze, Gebäude: Müllboxen, Fahrradständer, Carports begrünen; Höfe und Einfahrten übergrünen; Dächer und Fassaden begrünen; Nisthilfen anbringen; Regenwasser versickern lassen.

- Grünanlagen: grundsätzlich einheimische Pflanzen bevorzugen; wenig pflegen, natürliche Entwicklung zulassen; naturnahe Lebensräume (Wiesen, Hecken, Feuchtbiotope) schaffen; ungestörte Bereiche für den Artenschutz schaffen; dort wenig betreten, nicht mähen, jäten oder Laub rechen; möglichst keine chemischen Düngemittel, sondern Kompost einsetzen; auf chemischen Pflanzenschutz und Insektenbekämpfung verzichten.

- Freiflächen: asphaltierte oder betonierte Bereiche entsiegeln; neue Flächen möglichst nicht versiegeln; begrenzt pflastern, offene Stellen lassen; natürlichen Wildwuchs tolerieren; Magerstandorte (Trockenrasen) fördern und anlegen; geeignete Flächen als Brachland ausweisen und abgrenzen; bedingt versiegeln, mit Schotter oder Kies bestreuen; Bäume und Hecken pflanzen.

- Parkplätze: unterirdische Parkräume schaffen; gewonnene Dachflächen begrünen; Fahrspuren nur mit Rasengittersteinen (Natursteinen) befestigen.

- Zufahrten: keine Teer- oder Betonstraßen, höchstens wassergebundene Wegedecken; Vegetation an Straßenrändern entwickeln lassen (nur ein- oder zweimal jährlich mähen); entlang von Zufahrten grundsätzlich weniger Lichtquellen in freier Landschaft einsetzen.

- Beleuchtung: bei Lichtbedarf zwischen 23:00 und 6:00 Uhr möglichst jede zweite Lampe abschalten; nur Leuchten installieren, die ihr Licht gezielt und begrenzt in eine Richtung abstrahlen; Beleuchtungskörper möglichst waagrecht und niedrig anbringen, nach unten strahlen lassen; auf Quecksilberdampf-Hochdrucklampen verzichten, Natriumdampf-Niederdrucklampen bevorzugen; für Bau-, Lager- und Abstellplätze nur Planflächenstrahler einsetzen; Gebäudewände nicht oder nur begrenzt und zeitweise anstrahlen.

Blaumeise und Kohlmeise

Im Gezweig zu Hause

Blaumeise

Die Blaumeise ist nach der Kohlmeise unsere zweithäufigste Meise und die einzige in Europa heimische Vogelart, die ein blau-gelbes Gefieder trägt. Eine weiß eingerahmte, blaue »Baskenmütze«, viel Weiß im Gesicht und der gelbe Bauch sind unverwechselbare Erkennungszeichen des geschickten Zweigturners. Mit bis zu 15 Jungen pro Brut ist der Kindersegen bei Blaumeisen noch größer als bei Kohlmeisen. Wenn allerdings 18 bis 24 Eier im Nistkasten-Nest liegen, stammen sie wohl von zwei Weibchen. Im Schilf inspizieren die Kletterkünstler im Winter Schilfhalme nach darin überwinternden Insektenlarven. Selbst keine Vorräte anlegend, plündern Blaumeisen nicht selten die Verstecke der Sumpfmeisen. Im Frühjahr nehmen sie gerne Weidenblütennektar auf. Und in manchen Parks, vor allem dort, wo Menschen viel Zeit mitbringen, werden sie futterzahm und fliegen auf die Hand des Nahrungsspenders.

Neue Erkenntnisse über das Zusammenleben der Kohlmeisen

- Nachbarschaftshilfe ja, aber nur unter guten Bekannten: Versuche bei Kohlmeisen zeigten, dass Nestpaare, die sich kannten, den Nachbarn bei feindlichen Angriffen zu Hilfe eilten. Einjährige Kohlmeisen, die zum ersten Mal brüteten, kamen den anderen dagegen nie zu Hilfe, erhielten aber auch von den Nachbarn nie Unterstützung.
- Teamgeist bei Meisen: Untersuchungen zeigten, dass größere Gruppen von Meisen besser Probleme lösen können als Kleingruppen, ähnlich menschlicher Kompetenznetze.
- Betrogene Betrüger: »Offene« Partnerschaften bringen Kohlmeisen-Männchen keine Reproduktionsvorteile. Die Weibchen der Fremdgeher nutzen nämlich deren Abwesenheit, um sich selbst mit anderen Männchen einzulassen.

Die Kohlmeise ist unsere größte Meise. Ihre Erkennungszeichen sind der glänzend schwarze Kopf mit den weißen »Bäckchen«, die gelbe Unterseite mit dem schwarzen Mittelstreifen, der beim Weibchen schmaler und oft ausgefranst ist, sowie der moosgrüne Mantel mit einer schmalen weißen Binde. Ein- bis zweimal im Jahr brütet das Weibchen in Nistkästen und Naturhöhlen in 13 bis 15 Tagen jeweils bis zu zwölf Eier aus und wird in dieser Zeit vom Partner mit Futter versorgt. Im Alter von drei Wochen ist die Jungenschar flügge, sie wird noch zwei bis drei weitere Wochen von den Eltern mit Nahrung versorgt, vorzugsweise mit Insekten und deren Larven. Im Herbst und Winter stehen Samen und Früchte auf dem Speiseplan der Kohlmeisen. Ein Fertigfutter trägt sogar den Namen ihrer Hauptinteressenten – der Meisenknödel.

Schon länger weiß man, dass der Fortpflanzungserfolg bei Meisen auch von der Größe ihres Nistkastens abhängt. Mit der Größe der Grundfläche, gleichsam den Quadratmetern ihrer Wohnung, korreliert die Zahl ihrer Eier. In England fanden Forscher zudem heraus, dass die Neststärke ein weiterer Faktor für Familienfreundlichkeit ist: Bei kaltem Wetter im Frühjahr bauen Meisen stärkere Nester als in wärmeren Zeiten, um deren Isolationswirkung während der Brut zu nutzen. Und in etwas größere Meisenwohnungen passt eben auch etwas »mehr Nest« hinein. Dennoch können bei ungewöhnlich starken Kälteperioden, Hitzestaus oder wenn auf warme Tage lang anhaltende Kälteperioden folgen, Meiseneltern und Jungvögel so unter Stress geraten, dass es zum Verlust der Brut und im Extremfall zum Tod der Eltern kommt.

Kohlmeise

Der Star

Der Handy-Vogel

Als hervorragende Sänger können Stare nicht nur die Rufe und Gesänge anderer Vögel, sondern sogar technische Geräusche aus ihrer Umgebung perfekt imitieren. Schon mancher hat sich so frühmorgens durch einen Weckerton, der nicht vom Nachttisch, sondern aus dem Schnabel eines Stars vor dem Fenster kam, täuschen lassen. Oder der Griff zum Handy erfolgte auf der Straße, obwohl der Klingelton nicht aus der Tasche, sondern von einem Star über uns im Baum kam. Da sitzt er, kleiner als eine Amsel, aufrecht und von untersetzter Gestalt, mit langem Schnabel und kurzem Schwanz. Im geradlinig schnellen, von Gleitstrecken unterbrochenen Flug wirkt er mit seinen spitzen, dreieckigen Flügeln wie eine Pfeilspitze. Zur Brutzeit im Frühjahr sind die Altvögel schwarz, grün bis purpurn schillernd gefärbt, mit hellen Flecken auf der Oberseite, unterseitig einfarbig schwarz und werden deshalb auch »Glanzstare« genannt. Ihr Schnabel ist dann zitronengelb. Im Herbst und Frühwinter haben die Altvögel dagegen viele weiße Tupfen auf ihren Federspitzen, die ihnen den Namen »Perlstar« eintrugen. Ihr Schnabel ist in dieser Zeit dunkelbraun. Jungvögel sind stumpfbraun gefärbt, mit weißlicher Kehle.

Ihren schwätzenden Gesang tragen Stare mit gesträubtem Gefieder, hängenden, etwas vom Körper abgestellten und heftig schlagenden Flügeln vor. Im Siedlungsraum legen sie ihre Nester in den unterschiedlichsten Hohlräumen an, von Spechthöhlen über Einschlüpfe unter Dächern bis zu Mauerlöchern und natürlich in Nistkästen.

Die ersten Nistkästen entstanden schon im 16. Jahrhundert. Sie dienten keineswegs dem Naturschutz, sondern waren aus Ton gefertigte »Startöpfe«, niederländisch auch »Spreeuwpot« oder »Vogelpötte« genannt. An hohen Gebäuden und Schornsteinen befestigt, wurden daraus die fetten Jungstare für den Kochtopf entnommen. Vor allem in Norddeutschland und den Niederlanden war die schmackhafte Starensuppe beliebt. Die irdenen Starentöpfe wurden zur Massenware und kamen bis ins 18. Jahrhundert zum Einsatz. Somit beginnt die Geschichte des Nistkastens eigentlich als »Starenmast-Anstalt« ...

Singender Star: Er ist ein echter Gesangsstar und Stimmenimitator.

Als große Schlafgesellschaften in den Städten finden sich die Stare in Parkanlagen, auf Friedhöfen und gerne auch in Zoos ein, oft auch an Gebäudefassaden, wo sie gemeinschaftlich in Mauernischen und vor allem auf Mauervorsprüngen sitzen. Die Beerensammler und »Bohrer« fallen zielsicher auf frisch gemähten Wiesen ein. Dort stecken sie den geschlossenen Schnabel senkrecht in den weichen Erdboden, öffnen den Schnabel etwas, um das Loch zu erweitern und zu schauen, ob sich dort etwas Fressbares befindet. Dieses Verhalten wird Zirkeln genannt. Das ist Staren möglich, weil ihre Augen genau in der Verlängerung des Schnabels sind. Unsere besondere Hilfe brauchen Stare nicht. Außer, dass wir sie dort tolerieren, wo sie brüten und wo sie in großer Zahl – und oft recht lange laut – nächtigen.

Der Sperber

Erfolgreicher Vogeljäger mit erhöhtem Risiko im Siedlungsraum

Sperber ähneln sehr ihrem größeren Verwandten, dem Habicht. Im Erwachsenenkleid sind sie unterseits weiß-braun quer gebändert (»Sperberung«) und oberseits tarnfarben graubraun gefärbt. Sie leben ausschließlich vom Beuteschlagen. Vor allem Kleinvögel bis über Drosselgröße, ganz selten auch Kleinsäuger, stehen auf dem Speiseplan des spezialisierten Greifvogels. Der Sperber ist wie der Habicht ein Überraschungsjäger. Er hat kurze, abgerundete Flügel und einen langen Schwanz zum Steuern. Auf Kurzstrecken kann er daher enorm beschleunigen und ist zugleich außerordentlich wendig. Außerdem nutzt er jede sich ihm bietende Deckung. Nur unter diesen Voraussetzungen ist er in der Lage, seine Beute zu überwältigen. Welchen Respekt ihm die andere Seite, die Beuteseite, zollt, zeigt die einheitliche Warnreaktion aller Kleinvögel, sobald er erscheint.

Aus der Deckung heraus kann der Sperber seine Singvogelbeute im »Sprintflug« überraschen.

Sperber bevorzugen strukturreiche Landschaften mit Wechsel von Wäldern, Hecken und Gebüsch. Ihre Horste legen die Greife gerne in geschlossenen Fichten- oder Kiefern-Stangengehölzen, aber auch in Laubwäldern an. Neuerdings kommen Sperber nicht nur zur Winterzeit in Städte. Die Stadt wird auch als Brutplatz von »Sperbers« immer beliebter – weil das Nahrungsangebot dort ganzjährig stimmt und sich auch geeignete Brutmöglichkeiten in städtischen Gehölzen finden lassen. Somit geht der Sperber mit der Zeit, bleibt aber seiner klassischen Rollenverteilung in der Familie treu: Denn wie bei vielen Greifvögeln herrscht auch beim ihm während der gesamten Brutzeit – von der Eiablage über das Brüten bis zur Jungenaufzucht – eine strenge Arbeitsteilung zwischen den Geschlechtern. Während das Weibchen alleine brütet und später fast ununterbrochen die Jungen beschützt und hudert, ist das viel kleinere Männchen für die Nahrungsbeschaffung zuständig. In einer Jahresbrut erbrüten Sperber in vier bis fünf Wochen ihre meist vier bis sechs Jungen. Deren Nestlingszeit beträgt 24 bis 30 Tage, wobei die jungen Sperbermännchen zwei bis drei Tage früher das Nest verlassen als ihre Schwestern.

Sperber verfolgen ihre Beutevögel sehr ungestüm. Kann sich ein potentielles Opfer endlich in ein Gebüsch flüchten, so ist es längst noch nicht gerettet. Mit ihren langen Beinen und Zehen greifen Sperber selbst im Gestrüpp noch zielsicher zu. Diese Jagdstrategie birgt im Siedlungsbereich viele Gefahren. Manch einer der draufgängerischen Jäger endete schon an Fensterscheiben oder anderen Hindernissen unserer Zivilisationslandschaft. Dort, wo einmal ein Nahrungsengpass bei der Jungenaufzucht wegen des Fehlens von geeigneter Beute entsteht, schlägt schon mal das sehr viel kräftigere Sperberweibchen zu und verfüttert seinen kleinen Gatten einfach an die Jungen. Die ausgesprochenen Vogeljäger werden durch größere Vogeljäger wie Habicht und Wanderfalke manchmal auch selbst zu Gejagten. So können Habicht und Sperber als Gattungsgenossen zwar durchaus in guter Nachbarschaft miteinander leben. Die stärkeren und größeren Habichte können einem benachbarten Sperberpaar aber auch Jahr für Jahr die Jungen vom Nest holen und selbst ausgewachsene Sperber schlagen. Habichte nehmen so teilweise erheblichen Einfluss auf die Entwicklung ganzer Teilpopulationen des Sperbers.

Grünspecht und Wendehals

Ameisenspechte zu Besuch

Streuobstwiesen umgaben früher viele Ortschaften und Felder und begleiteten die Wege zwischen den Siedlungen und Nutzflächen. Besonders zur Blütezeit im Frühjahr prägten sie ganze Landschaften. Heute sind sie zunehmend selten. Unter den hochstämmigen Obstbäumen wird das Gras als Weidefläche oder Heuwiese genutzt. Von dieser Parklandschaft fühlen sich sowohl baumbewohnende und baumhöhlenbewohnende Tierarten wie auch Wiesenbewohner angezogen. So zum Beispiel Wiesenameisen: Wo die Wiesen unter Obstbäumen oder in Parks mit lockerem Baumbestand nur selten gemäht werden und wo es genügend Blattläuse gibt, errichten sie ihre kleinen Erdburgen. Zwei seltene Spechtarten haben sich in ihrer Ernährung ganz auf sie eingestellt: der unscheinbare Wendehals und der auffällige Grünspecht.

Der Buntspecht – ein Schmied in Gärten und Parks

Ein Tannenzapfen klemmt im Holz eines Baumes. Am Fuß des Baumes liegen Zapfenschuppen und Reste weiterer Zapfen. Dort war ein Buntspecht am Werk! Spechte benutzen »Klemmschmieden« in natürlichen Holzspalten und Rindenspalten sowie »Gabelschmieden«, das heißt Astgabeln. Sie kennen aber nicht nur den Werkzeuggebrauch, sondern sogar die Werkzeugherstellung, denn sie zimmern sich ihre Hauptschmieden in Stämmen, Ästen oder Zaunpfählen auch nach Maß, bevor sie darin Zapfen, Nüsse oder Obstkerne einklemmen, um sie aufzubrechen.

Buntspecht an seiner Schmiede

Außer ihrer Vorliebe für Ameisen haben Wendehals und Grünspecht wenig gemeinsam. Der über sperlingsgroße, schlanke Wendehals erinnert mit seinem kurzen Schnabel und dem langen Schwanz eher an einen Singvogel als an einen typischen Specht. Sein rindenfarbenes Gefieder tarnt ihn ausgezeichnet. Der Wendehals ist ein Langstreckenzieher und überwintert im tropischen Afrika. Bei uns hält er sich von April bis September auf. Lichte, baumbestandene und wärmebegünstigte Landschaften sind seine Reviere. Nur wo die Vegetation nicht zu dicht steht, kommt er an die Nester der Wegameisen und Wiesenameisen heran. Larven, Puppen und Vollinsekten bleiben an seiner vorschnellenden Leimrutenzunge kleben. Sie sind auch die Lieblingsnahrung seiner Jungen. Bis zu 350 Ameisen ballt der Wendehals zu einem Futterpaket zusammen und verfüttert es an seine Brut. Ein Paar kann seine Jungen so mit bis zu 200 Portionen am Tag versorgen.

Während der Wendehals ausschließlich in schon vorhandene Nisthöhlen oder auch in Nistkästen einzieht (siehe auch Seite 135), zimmert der wesentlich größere Grünspecht – zumindest in Weichhölzern – seine Höhlen auch selbst. Der Grünspecht ist ein Stand- und Strichvogel, das heißt, er bleibt im Winter bei uns oder unternimmt allenfalls kurze Wanderungen. Seine Zunge kann der Ameisenspezialist bis zu zehn Zentimeter vorstrecken und damit tief in die Gänge und Kammern von Ameisennestern vordringen.

Grünspecht-Männchen auf Nahrungssuche nach Wiesenameisen

Der Halsbandsittich

Papagei entflogen – Papageien heimisch

Dass ab und zu mal ein Papagei seinem Halter ausbüxt und per Aushang gesucht wird, ist nichts Ungewöhnliches. Dass wir hierzulande in einigen unserer Städte Papageien in größerer Zahl beobachten können, ist dagegen schon außergewöhnlicher. Diese Vögel als Papageien anzusprechen, gelingt den meisten von uns auf Anhieb. Das liegt vor allem an ihren typischen gekrümmten Schnäbeln. Der Oberschnabel eines Papageis kann durch ein Gelenk bewegt werden und ist so ein ideales Werkzeug zur Bearbeitung von Samen und Früchten. Die kurzen Gehwerkzeuge der Papageien tragen je zwei nach vorne und hinten gerichtete Zehen und bilden dadurch Greiffüße, mit denen die Vögel – manchmal unter zusätzlichem Einsatz des Schnabels – geschickt klettern können oder mit denen sie wie mit einer Hand die Nahrung halten können.

Die Vegetarier sind fast ausschließlich in tropischen Ländern verbreitet. In Europa konnten aber Gefangenschaftsflüchtlinge einer Edelpapageienart so erfolgreich Fuß fassen, dass heute in Europa etwa 30 000 Tiere leben und sich fortpflanzen. Bei diesem erfolgreichen Neubürger handelt es sich um den Halsbandsittich. Durch sein smaragdgrünes Gefieder, den großen Papageienschnabel und den langen, spitzen Schwanz kann er bei uns höchstens noch mit anderen Gefangenschaftsflüchtlingen wie dem Alexandersittich verwechselt werden. Letzterer ist jedoch größer, hat einen größeren Schnabel, rote Schulterabzeichen sowie gelbliche und nicht grüngraue Beine wie der Halsbandsittich.

Halsbandsittich

Halsbandsittiche leben sehr gesellig und sind hierzulande fast immer in Trupps zu beobachten.

Den Weibchen der Halsbandsittiche fehlt das namengebende schwarz-rosafarbene Halsband sowie das Blau des Hinterscheitels. Die Weiblichkeit trägt stattdessen ein leuchtend grünes Nackenband. Junge Halsbandsittiche ähneln den Weibchen, ihr Gefieder ist aber insgesamt gelblich getönt, der Schwanz ist kürzer und der Schnabel rosafarben mit heller Spitze. Halsbandsittiche sind als schnelle und direkte Flieger meist in größeren Trupps unterwegs.

Die europäischen Bestände gehen wahrscheinlich auf zwei verschiedene südasiatische Unterarten zurück: *Psittacula krameri manillensis* mit schwarzem Unterschnabel und *Psittacula krameri borealis* mit einheitlich rotem Schnabel. In ihrer asiatischen und afrikanischen Heimat bewohnen Halsbandsittiche unterschiedliche Savannentypen sowie halb offene Bergwälder. Obwohl die Vögel sehr gesellig sind, sondern sich die Paare zum Brüten ab. Das balzende Männchen stolziert vor dem Weibchen und überreicht ihm noch vor der Kopulation als Geschenk einen Futterbrocken. Als Höhlenbrüter sucht sich das Paar eine passende Bruthöhle. Das sind bei uns natürliche Baumhöhlen vor allem in Platanen, aber auch anderen Laubbäumen, bevorzugt in Baumgruppen, seltener in Solitärbäumen. Oder es werden die von Buntspecht, Grünspecht oder Grauspecht gezimmerten Höhlen angenommen. Gebrütet wird in lockeren Kolonien, manchmal auch vergesellschaftet mit dem Alexandersittich, wobei es auch zu »Mischehen« kommt. Die meist drei bis vier, maximal sechs Eier werden vom Weibchen 22 bis 24 Tage bebrütet. Die Jungvögel bleiben sieben bis acht Wochen im Nest und werden nach dem Ausfliegen drei bis vier weitere Wochen gefüttert.

Die tagaktiven Tiere lassen sich bis in die Dämmerung, wenn sie zu ihren Schlafplätzen fliegen, beobachten. In Deutschland haben die oft lärmenden Gesellen bislang die Städte Köln, Düsseldorf, Bonn, Leverkusen, Mainz, Wiesbaden, Mannheim, Ludwigshafen, Heidelberg und Stuttgart mit insgesamt 8000 bis 10 000 Exemplaren erobert. Allein in Wiesbaden, und dort vor allem im Park um das Biebricher Schloss, leben etwa 1200 Halsbandsittiche. Die ersten Exemplare waren 1974 in der hessischen Landeshauptstadt zu beobachten. Sie sollen aus einer Voliere eines Zoogeschäfts entkommen sein.

Kurzschwanzpapageien in Süddeutschland

Seit einem Vierteljahrhundert vermehren sich in Stuttgart neben dem Halsbandsittich sogar recht große Papageien: Im Rosensteinpark lassen sich dort aktuell etwa 50 Gelbstirnamazonen sehen und hören. In den späten 1990er-Jahren kamen zu dieser in ihrer südamerikanischen Heimat gefährdeten Art (schätzungsweise leben dort nur noch weniger als 7000 Exemplare in Freiheit) ein bis zwei Blaustirnamazonen, die sich mit den Stuttgarter Gelbstirnamazonen vermischten. Das Ergebnis: Die Hybriden lassen leicht von den Gelbstirnamazonen am dunkleren Schnabel unterscheiden. Bis heute sind die bunten Kurzschwanzpapageien die einzige in Europa brütende Population dieser Vogelart geblieben und echte »Schwaben« geworden. Denn sie gelten mittlerweile als etabliert und stehen dementsprechend unter Schutz.

Die vergleichsweise milden Winter an Rhein und Neckar, das üppige Nahrungsangebot und ausreichend Bruthöhlen sind wohl die ausschlaggebenden Faktoren für ihre erfolgreiche Ausbreitung. Wo es an Baumhöhlen mangelte, griffen die Papageien in der Vergangenheit schon mal zur Selbsthilfe und schufen mit ihren kräftigen Schnäbeln in der Polystyrol-Schaumstoff-Außendämmung von Gebäuden eigenen Wohnraum. Im Falle eines Heidelberger Altenwohnheims empfanden die Bewohner dies zum Teil als Bereicherung, die Heimleitung nicht zu Unrecht als untragbar. Erst das Anbringen geeigneter Nistkästen verhinderte weiteres »Do-it-yourself«. Zwar kommen Halsbandsittiche mit dem deutschen Winter entlang der Rhein-Neckar-Linie ganz gut zurecht. Dennoch bleiben manchmal Erfrierungen an den Füßen nicht aus. Vogelhäuschen mit Meisenknödeln sind beliebte Schnellrestaurants der Papageien im Winter. Auch finden sie in dieser Jahreszeit noch Beeren und Samen in Parks und Gärten. Unbeliebt machen sie sich, wenn sie Obstbäume vor den Menschen abernten. Und ihr ständiges Gekreische geht manchem auf die Nerven. Ob sie anderen Höhlennutzern Wohnraum streitig machen, bedarf noch weiterer Klärung. Bisher sieht es eher so aus, dass sich selbst die zierlichen Blaumeisen beim Streit um den Brutplatz gegen die Halsbandsittiche behaupten können.

Vögel auf alten Friedhöfen

Naturfreunde sollten vor Friedhöfen nicht zurückschrecken. Wo gibt es in der Stadt, abgeschirmt von Lärm und Hektik, einen dichteren Gehölzbestand und besser zugängliche alte Mauern als auf den Stadtfriedhöfen? In den Ritzen der Mauern lassen sich oft die millimetergroßen Springspinnen beobachten. Im verwitterten Mörtel wurzeln Pflanzen wie die zu den Farngewächsen zählende Mauerraute oder das gelb-violett blühende Zimbelkraut. Morgendliche Gänge über alte Friedhöfe im Frühling und Frühsommer zeigen uns, welch eine Vogelvielfalt an diesen Stätten der ewigen Ruhe zu Hause ist, um dort in ganzer Lautstärke ihre arttypischen Gesänge (Singvögel) und Instrumentalkonzerte (Spechte) vorzutragen. Selbst nachts können wir auf Friedhöfen Vogelstimmen und Vogelgesänge hören.

Alte Friedhöfe bieten vielen Vogelarten Nahrungs- und Brutmöglichkeiten.

Die Nachtigall

Kleine Nachtmusik(en) für Romantiker

Viele der vorzugsweise nächtlichen »Aktivisten« lassen sich eher hören als sehen. Der Gesang der Nachtigall klingt so schön und ergreifend, dass er Musik und Dichtung wie keine zweite Vogelstimme inspirierte. Er beginnt mit gedehnten, leisen Motiven und steigert sich bis zum berühmten »Nachtigallenschlag«. Häufig wird die Meistersängerin im Verlauf ihrer Strophen lauter und schneller. Ihr Gesang wird vielfach als wehmütig oder melancholisch empfunden. Der unscheinbare Drosselvogel zieht in unseren Breiten das wärmebegünstigte Tiefland vor und lebt dort verborgen im Schutz des Unterholzes.

Ob unter Nachtigallen ein Artgenosse als Revierinhaber beziehungsweise Rivale als bedrohlich empfunden wird, liegt nicht nur am Gesang. Auch die Bewegungen oder Sitzpositionen des Artgenossen spielen dabei eine Rolle wie Experimente im Elsass zeigten: Spielte man Revierbesitzern aus 15 Meter Entfernung Nachtigallengesang aus dem Lautsprecher vor, bei dem der simulierte Rivale drei Meter höher als der Revierinhaber saß, sang Letzterer unbeeinflusst weiter. Befand sich der vermeintliche Rivale dagegen auf gleicher Höhe, reagierte der Revierinhaber sofort: durch schnellen Gesang, mit dem er dem »Rivalen« einfach ins Wort fiel.

Waldkauz und Waldohreule

Waldeulen als Städter

Zwei unserer einheimischen Eulenarten tragen ihr Hauptvorkommen in ihren Namen: Waldkauz und Waldohreule. Beide zieht es aber auch in die Städte – und beide Arten brüten immer häufiger innerhalb von Siedlungen, wobei der rundlichere Waldkauz bereits ganzjährig zum Großstädter wurde. Er brütet in Parks, entlang von Alleen, in Gärten und auf Friedhöfen mit altem Baumbestand und konnte aus dem Stadtleben schon mancherlei Vorteile ziehen. Langjährige Untersuchungen in Berlin haben gezeigt, dass »Stadtkäuze« mehr Vögel erbeuten als ihre im Wald lebenden Artgenossen. Deshalb sind Stadtkäuze diesen in puncto

Waldohreulen-Schlafgesellschaften tauchen in Städten schon im Herbst auf.

Jungenaufzucht deutlich überlegen. Das Überleben der »Waldeulen« unter den Waldkäuzen hängt in erster Linie vom Bestand der Mäuse ab – und dieser kann von Jahr zu Jahr stark schwanken.

Die mit langen Federohren ausgestattete Waldohreule brütet in den Nestern von Rabenkrähen, die sie auch in den kleinen Baumgruppen und Parks in der Stadt findet. Auffällig werden Waldohreulen in Städten, wenn sie sich im Winter zu größeren Schlafgruppen an Tagesruheplätzen in Nadelbäumen oder winterkahlen Laubbäumen oft häusernah versammeln. Seelenruhig – beinahe wie ausgestopft – sitzen die Eulen im kahlen Geäst. Oft verraten sich solche Plätze durch die zahlreichen verstreut am Boden liegenden Gewölle. Sobald die Dämmerung hereinbricht, verschwinden die Waldohreulen ebenso geheimnisvoll, wie sie erschienen sind, um auf Jagd zu gehen. Und zwar nicht wie üblich auf Mäusejagd, sondern – genau wie es auch der Waldkauz in der Stadt tut – auf Vogeljagd. Die zahlreichen Kleinvögel, vor allem Sperlinge und Grünlinge, die an ihren Schlafplätzen von den hungrigen Eulen ergriffen werden, bringen die Waldohreulen gut über den Winter. Dafür geben sie sogar ihr sonst übliches Dasein als Einzelgängerinnen auf und schließen sich zu Gruppen von bis zu 50 Individuen zusammen. Mancherorts sucht die krähengroße, schlanke Eule ihren Überwinterungsplatz im Siedlungsraum Jahr für Jahr wieder auf und sorgt dann

Der Waldkauz (hier die braune Farbvariante) nutzt als Brutplatz große Baumhöhlen.

Stimmen aus dem Jenseits

Wenn wir in unserem Wohnumfeld die nächtlichen Rufe von Eulen und Käuzen hören, verbinden wir sie – anders als den Nachtigallengesang – wohl kaum mit Liebesromanzen. Sie sind aber nicht minder mythenbeladen. Schon die alten Ägypter sahen in der Eule einen Todesboten. Fast bis in unsere Tage wurden das »kuwitt« des Steinkauzes und das scharfe »kwick« oder »kuit« des Waldkauzweibchens als Aufforderung »Komm mit« an Alte und Kranke interpretiert, dem »Totenvogel« ins Jenseits zu folgen. Bestärkt wurden diese Vorstellungen von den schauerlichen »huhuuu-ju-uuuu«-Rufen des Waldkauzmännchens. Da beide Arten früher die Nähe der Menschen zu schätzen wussten, kam es vergleichsweise häufig vor, dass ihre Rufe in schwach beleuchtete (Kranken-)Zimmer drangen. Der Lärm der Zivilisation hat schon lange – selbst auch auf dem Land – die nächtlichen Naturgeräusche übertönt: Waldkauz, Steinkauz oder auch die Schleiereule mit ihren rauschenden und fauchenden Lauten hören wir nächtens nur noch äußerst selten.

Der Steinkauz braucht alte Obstbäume oder löchrige Kopfweiden für seine Nester und zum Ansitz für seine Jagd auf extensiv genutzten Wiesen. Wo Streuobstflächen den wachsenden Siedlungen weichen müssen und neue Straßen seinen Lebensraum zerschneiden, wird sein »kuwitt« seltener. Dort, wo der Apfelwein zur »Stadtkultur« gehört – wie in Frankfurt am Main –, hat der Steinkauz bis heute sein Auskommen auf ausgedehnten Streuobstwiesen auch innerhalb der Stadtgrenzen.

gelegentlich für einen Volksauflauf. Sie wird dabei wegen ihrer Federohren häufig mit dem weitaus größeren, massigen Uhu verwechselt. Dass sie in der winterlichen Stadt zur erfolgreichen Vogeljägerin wird, kann man feststellen, indem man die Gewölle an ihrem Gemeinschaftstagesruheplatz untersucht: Neben Haaren und Knochen von Mäusen werden wir auf Kleinvogelreste stoßen.

Nachdem der Waldkauz erfreulicherweise recht häufig ist, sich aber gerne an seinen kleineren Artverwandten (von Steinkauz bis Sperlingskauz) sowie den bedrohten Fledermäusen vergreift, sollte außerhalb der Städte auf Unterstützung durch Nisthilfen für ihn verzichtet werden.

In städtischen Parks, Gartenanlagen und auf Friedhöfen, wo er keinen Schaden unter Steinkäuzen oder in Mausohr-Wochenstuben anrichten kann, ist das Anbringen von Waldkauzkästen durchaus sinnvoll (siehe auch Seite 134). Sie können in vier bis sechs Meter Höhe an Bäumen, gegebenenfalls auch an Gebäuden aufgehängt werden. Dann können wir nächtens vielleicht dort zur Balzzeit das heulende »hu-huuu-ju-uuuu« des Männchens hören, das sich mit dem gedehnt jaulenden »hjuuu-uuuuu« des Weibchens vermischt. Dazu kommen ein bellender Warnruf, die fauchenden Bettellaute der jungen Waldkäuze, harte »kuwitt«-Rufe und der jaulend-kreischende, an Katzenkonzerte erinnernde Herbstgesang der Waldkäuze, mit dem sie ihre Reviere akustisch markieren. Mit unserem Gefühl, beim Hören der Waldkauz-Reviergesänge an Krimis erinnert zu werden, liegen wir goldrichtig: Mit großer Regelmäßigkeit werden diese zur atmosphärischen Untermalung von Fernsehkrimis eingesetzt, immer wenn es dunkel wird und die Szene unheimlich wirken soll.

Für Waldohreulen können anstelle von Krähennestern auch Nistkörbe aus geflochtenen Weidenruten von etwa 40 Zentimeter Durchmesser in Astgabeln von Parkbäumen angebracht werden. Darin können auch Baumfalken oder Turmfalken brüten. Letztere profitieren jedoch mehr von den sichereren Turmfalkenkästen. Der Reviergesang des Waldohreulen-Männchens ist ein leises, gereihtes, aber weithin hörbares »huh«. Frisch geschlüpfte Junge fauchen katzenartig. Auch der Warnruf der Waldohreulen klingt reiher- bis katzenartig. Bei der Flugbalz über dem Revier lassen die Männchen ein Flügelklatschen hören, indem sie die Flügel immer wieder unter dem Körper zusammenschlagen. Die größeren Jungen fiepen laut und verlassen wie die jungen Waldkäuze ihr Nest, bevor sie flugfähig sind, um fast zwei Wochen als Ästlinge herumzuturnen und sich von den Eltern versorgen zu lassen.

Alte Bäume auf alten Friedhöfen – Qualitätsmerkmale für Vögel

Es sind die besonderen Struktureigenschaften, die alte Friedhöfe so anziehend für viele Vögel in der Stadt machen. Der Wechsel zwischen Bäumen, Gebüsch und niedrig bewachsenen Flächen auf und um die Grabstätten ist für Vögel ein Lebensraummosaik, in dem sie die für sie jeweils passenden Brut- und Nahrungsmöglichkeiten finden. So brüten Ringeltaube, Türkentaube und Elster ebenso gerne wie das Sommergoldhähnchen im Schutz der viel Deckung bietenden Nadelbäume. An deren grobborkigen Stämmen finden Baumläufer kletternd ihre versteckte Insektenbeute. Amseln, Rotkehlchen und Stare suchen auf den Grünflächen und unter dem Gebüsch am Boden ihr Nahrungsgetier. In den Büschen und Zierkoniferen können Heckenbraunelle, Mönchsgrasmücke, Dompfaff, Zilpzalp und andere brüten. Grünfinken und Kernbeißer profitieren von fruchtenden Laubbäumen. Und Spechte schlagen in ältere Baumstämme ihre Schlaf- und Bruthöhlen, die für »Nachmieter«, die Höhlen nicht selbst herstellen, überlebenswichtig sind.

Mit zunehmendem Alter der Bäume entstehen Lebensräume, die von einer Vielzahl von Tierarten besiedelt werden. Ohne Rindenspalten, Höhlungen und Totholz kämen viele wild lebende Säugetiere, Vögel und Insekten bei uns nicht vor. Viele dieser Tierarten sind rechtlich besonders oder streng geschützt. Gleiches gilt auch für den alten Baum, der eine Fortpflanzungs- und Ruhestätte gesetzlich geschützter Arten beherbergt. In forstlich genutzten Wäldern erreichen Bäume oft nicht das gleiche Alter wie auf alten Friedhöfen, in Parks, auf öffentlichen Plätzen oder in Alleen.

Die Besitzer der Flächen, auf denen diese Bäume stehen, und ebenso die Baumkontrolleure und Baumpfleger haben einerseits die Verpflichtung zur Verkehrssicherung, um Sach- und vor allem Personenschäden vorzubeugen. Andererseits gilt es auch den Artenschutz zu berücksichtigen. Die Konflikte zwischen Verkehrssicherung und Artenschutz sind lösbar, wenn durch regelmäßige, fachgerechte Kontrollen die Baumhöhlen samt ihrer Nutzung erfasst werden und ihre Bedeutung für die Arten bei den notwendigen Pflegemaßnahmen Berücksichtigung findet. Aufmerksame Naturbeobachter können den Friedhofsverwaltungen (und Grünämtern) wichtige Hinweise über die konkrete Nutzung der alten Bäume durch Vögel (und Fledermäuse) geben.

Herbst und Winter in der Stadt

Sesshafte und Reiselustige

Während es bei der Spezies Mensch eine Frage der Einstellung, der freien Zeit und auch des Geldbeutels ist, wer von uns zu Hause bleibt und wer häufiger verreist, ist das Dableiben oder Wegziehen für Vögel eine Frage des Überlebens. Ohne großräumige, jahreszeitlich bestimmte Ortswechsel würden viele Vogelarten der gemäßigten und polaren Regionen der Erde nicht überleben. Das Verschwinden und Wiederauftauchen von Vogelarten im Rhythmus der Jahreszeiten beflügelt schon seit alters die menschliche Fantasie.

Noch im 18. Jahrhundert glaubte man, dass Schwalben im Gewässerschlamm überwintern und dass der ähnlich dem Sperber gefiederte Kuckuck im Herbst zum Sperber mutiert. Denn ab Herbst bis zu den ersten Kuckucksrufen im Frühling ist nur noch der Sperber in unserer Nähe und damit zu sehen. Der Kuckuck dagegen verbringt die kalte, nahrungsarme Zeit als Langstreckenzieher in weit entlegenen Winterquartieren in Afrika, so wie es auch die Gartengrasmücke oder die Nachtigall tun. Kurzstreckenzieher legen dagegen nur kurze Entfernungen zwischen Brutgebiet und Winterquartier zurück, etwa zwischen Mitteleuropa und Südwesteuropa (zum Beispiel Hausrotschwanz, Singdrossel, Misteldrossel). Sie kehren meist vor den Langstreckenziehern zurück und ziehen nach ihnen ab. Ihr Zuggeschehen ist in der Regel stark vom Wetter beeinflusst. Vogelarten, bei denen nur ein Teil der Individuen wegzieht (Zieher) und der Rest am Ort bleibt (Nichtzieher), bezeichnet man als Teilzieher (zum Beispiel Zaunkönig, Amsel, Rotkehlchen). Standvögel wiederum sind Arten, die keine Wanderungen unternehmen (zum Beispiel Haussperling, Buntspecht, Waldkauz).

Vom großen alljährlichen Treck der Zugvögel in wärmere – und vor allem nahrungsreichere – Länder bekommen wir schon im Sommer etwas mit. Im August fragen wir uns plötzlich nach dem Verbleib der

Die hübschen Seidenschwänze tauchen bei uns in Wintern nur unregelmäßig und dann invasionsartig auf.

Mauersegler. Wir vermissen ihre hohen, schrillen Rufe und ihre reißenden Kunstflüge. Sie verlassen schon früh ihre Brutreviere, um zügig die lange Reise bis ins tropische Afrika anzutreten. Im Spätherbst brechen dann auch die Rauchschwalben und die Stare auf. Zuvor sammeln sie sich auf Leitungsdrähten oder auf Hecken und Bäumen. Während der Nacht können wir die Stimmen der nachtziehenden Singdrosseln und Rotdrosseln über der Stadt hören. Auf ihrem Weg von Skandinavien nach Südwesteuropa machen die Rotdrosseln oft gemeinsam mit ihren in gleicher Richtung ziehenden Verwandten Rast auf Beeren tragenden Bäumen und Sträuchern. Einige Rotdrosseln verbringen den Winter auch bei uns – ebenso einige Bergfinken. Diese Wintergäste aus Skandinavien fallen oft in großen Schwärmen bei uns ein. Meisen und Buchfinken dagegen bleiben uns das ganze Jahr über »treu«.

Proviant für den Flug
Vor ihren weiten Reisen legen sich Zugvögel gehörige Fettpolster zu. Nicht selten verdoppeln sie ihr Körpergewicht. Fett ist der ideale Treibstoff, um den extremen Belastungen während des Zugs gewachsen zu sein: Es lässt sich vollständig zu Energie, Kohlendioxid und Wasser abbauen – ist also sehr ergiebig. Und mit dem Wasser können die Vögel sogar weitgehend ihren Flüssigkeitsbedarf decken. Deshalb sind sie selbst bei der Überquerung von Wüsten nicht auf wasserreiche Oasen angewiesen: Sie haben stets ihre »Feldflasche« mit »an Bord«.

Wie steht's um die Nahrung zu Hause?

Mit dem Herbst versiegen die Nahrungsquellen für Vögel in Gärten, Parks, Hecken und auf Obstwiesen noch lange nicht: So zehren Singdrosseln oder Kernbeißer bis tief in den Winter von den Beeren des Wolligen Schneeballs. Seidenschwänze machen sich gerne über die Früchte des Gemeinen Schneeballs her. Wo es noch etwas für sie zu holen gibt, fallen diese nordischen Wintergäste manchmal in großen Schwärmen bei uns ein. Die gelben Samen des Pfaffenhütchens werden nach und nach vor allem vom Rotkehlchen vertilgt. Besonders lange verbleiben die leuchtend orangeroten Sanddornbeeren am Strauch. Sie sind unter Hühnervögeln sehr beliebt, besonders bei Fasanen. Im Volksmund heißt der Sanddorn deshalb auch »Fasanenbeere«.

Späte Beeren am Strauch haben gelegentlich ihre Tücken: Durch Gärungsprozesse entwickelt sich Alkohol, den die naschenden Vögel dank eines Enzyms jedoch erstaunlich rasch wieder abbauen können.

Sanddorn

Der Kernbeißer: Er ist der Finkenvogel mit dem kräftigsten Schnabel.

Kernbeißer und Seidenschwanz

Von starken Typen und Brandstiftern

Mit fast 18 Zentimeter Körperlänge ist der Kernbeißer unser größter Fink. Dank seines mächtigen Schnabels kann er selbst Steinobstkerne knacken. Am Futterhaus gewinnt der starke Typ jeden Wettbewerb im Öffnen hartschaliger und großer Samenkörner.

Obwohl der Seidenschwanz mit seinem seidigen, oben schokoladenbraunen, unten eher graubraunen Gefieder, der schwarzen Gesichts- und Kehlzeichnung, den weißen und gelben Federn in den Schwingen und der auffälligen Haube eine ausgesprochen hübsche Vogelgestalt ist, war er unseren Vorfahren lange unheimlich. In Größe und Flugbild den Staren ähnelnd, deutete man sein plötzliches Auftauchen in Schwärmen als Ankündigung von Pest, Krieg, Hungersnöten und Feuer. Weil die erwachsenen Seidenschwanz-Männchen aus der Nähe betrachtet ein lachsrotes Hornplättchen an den Flügeln tragen, wurde dies in Verbindung mit ihrer (kohl-)schwarzen Gesichtszeichnung als Symbol für Brandstiftung gedeutet. »Pestvogel«, »Brandvogel« und »Funkenvogel« sind wenig schmeichelhafte Bezeichnungen für einen hübschen Vogel. Die Erklärung, warum man ihn zum Schreckensvogel stempelte, ist so einfach wie plausibel: Seidenschwänze tauchen bei uns selten und unregelmäßig auf – immer dann, wenn sie sich in ihrem Brutgebiet, der eurasischen Taiga, im Sommer besonders gut vermehrt haben und die Beerennahrung im Herbst und Winter dort fehlt. Wenn ihr unvermitteltes Auftauchen zeitnah mit schrecklichen Ereignissen wie Pestausbrüchen, Kriegen oder Feuersbrünsten zusammenfiel, waren die Verursacher allen Leids schnell ausgemacht. Heute freuen wir uns, die geselligen, bunten Seidenschwänze bei uns anzutreffen. Gar nicht wählerisch, verzehren sie Früchte von 45 einheimischen Staucharten, 21 Baumarten und weiteren 25 nichtheimischen Gehölzarten. Weil Beerennahrung wenig Nährstoffe enthält, frisst der Seidenschwanz in wenigen Stunden 50 bis 80 Gramm davon, so viel wie sein eigenes Körpergewicht. Zu kleinen Kriegen kann es dennoch kommen: Nämlich dann, wenn die »Brandstifter« und »Kriegsvögel« auf Misteldrosseln stoßen, die ihre Vorzugsnahrung, Mistelbeeren und Ebereschenbeeren, gegen diese »Fremdlinge« verteidigen.

Mistel

Stelldichein am Futterplatz. Hier von links nach rechts oben: Amseln und Haussperling am Boden, Blaumeise am Futterknödel, Grünfink und Dompfaff am Futterhaus, Kohlmeisen an Futterspender und auf dem Zweig, Buchfink im Anflug.

Alle Jahre wieder – steht die Winterfütterung auf dem Programm

Gartenfachgeschäfte und Supermärkte führen spätestens ab Herbst ein großes Angebot verschiedenster Futterhäuschen und Futtermischungen für Vögel. Gleichzeitig wird in den Medien immer wieder diskutiert, ob das Füttern nun notwendig, tolerierbar oder sogar gefährlich sei.

Über Sinn und Unsinn des Vogelfütterns

Zwischen besserem Wissen und konsequentem Handeln liegen oft Welten. So auch beim Thema Winterfütterung. Biologisch betrachtet, ist das Füttern im Winter nicht unbedingt notwendig. Die Vögel, die bei uns überwintern, sind an die kalte Jahreszeit angepasst. Winterfütterung kann sogar von Nachteil sein: Dort, wo Vögel gefüttert werden, treten sie gehäuft auf, und das auf engem Raum. Insbesondere, wenn bei zu großen Futtermengen und fehlender Hygiene die Futterstellenbesucher ihr Futter selbst verunreinigen, können Krankheitserreger über den Speichel oder die Fäkalien in das Futter gelangen und sich über den ganzen Bestand der gefiederten Besucher ausbreiten. Andererseits kann die Vogelfütterung, vor allem, wenn sie regelmäßig erfolgt, einzelnen Tieren helfen, strenge Winter zu überstehen. Inwieweit sich Fütterungen auf Vogelbestände insgesamt auswirken, ist noch weitgehend unbekannt. Höhere Überlebensraten im Winter bedeuten jedoch nicht automatisch auch höhere Bruterfolge im nächsten Jahr. Die Aussage, dass Vögel durch Fütterungen die Fähigkeit verlernen würden, sich natürliches Futter zu suchen, stimmt nicht. Es gibt neuerdings Hinweise, dass sich durch artgerechte Fütterung von Kleinvögeln während der Brutzeit die Wahrscheinlichkeit des Überlebens von Jungvögeln steigern kann. Dennoch ist die Vogelfütterung kein Allheilmittel, um Vogelarten zu erhalten und ihre Bestände zu fördern. Wichtiger ist der Erhalt ihrer Lebensräume. In der Stadt bedeutet dies vor allem die naturnahe Entwicklung und Pflege von Parks und Gärten mit einheimischen Pflanzen – von Blütenpflanzen über Sträucher bis zu Bäumen. An diesen entwickeln sich Insekten, Samen und Früchte, die den

Gutes Vogelfutter

Wenn wir füttern, sollten wir auf Qualität achten. Gutes Vogelfutter wird sowohl im Versandhandel als auch im Landwarenhandel, in Bau- und Supermärkten angeboten. Dazu zählen auch Meisenringe und Meisenknödel, die aus Körnermischungen und Fett bestehen. Unbedingt sollte auf die Qualität geachtet werden. »Billigprodukten« sollten Sie mit Misstrauen begegnen. Nicht zertifiziertes Vogelfutter enthält oft Füllstoffe (Ausfall und Reste), die von den Vögeln nicht gefressen werden. Nicht selten sind in nicht kontrolliertem Vogelfutter Pflanzensamen aus anderen Ländern (Osteuropa, Nordamerika) enthalten, die bei Ausfall zu einer Florenverfälschung führen können. Die Samen werden unter Umständen von den Vögeln weit verbreitet. Besonders problematisch ist Ambrosia *(Ambrosia artemisiifolia)*, die sich durch Beimischung im Vogelfutter invasionsartig ausbreiten kann. Die winzigen Pollen der Ambrosia können beim Menschen zu starken allergischen Reaktionen bis hin zu Asthmaanfällen führen. Deshalb ist es sehr wichtig, dass Vogelfutter mehrfach gereinigt wird und dadurch alle »schädlichen« Fremdsamen entfernt werden. Es ist wichtig, dass im Futter nur Zutaten sind, die den Vögeln wirklich nutzen. Eine Zertifizierung des Futters durch Vogelschutzorganisationen soll Wert und Qualität sichern. Dazu gehört auch, dass der Ölgehalt (Energiegehalt) des Futters insgesamt und der einzelnen Zutaten genau bekannt ist.

Vögeln zu allen Jahreszeiten die notwendige Energie fürs eigene Überleben und ihre erfolgreiche Fortpflanzung liefern. Doch die Freude, die Vögel im Park so zahlreich beobachten zu können oder dicht vor unser Fenster zu locken, rechtfertigt das Füttern bei Schnee und Minustemperaturen allemal – allerdings nur, wenn wir das richtige Futter in Maßen verfüttern und den Futterplatz sauber halten.

Beobachtungen am Futterhaus

An Futterstellen herrscht ein reges Kommen und Gehen, lautstarke Streitereien bleiben nicht aus. Jede Vogelart verfügt über spezielle Tricks, um an das Futter heranzukommen. Zu den häufigsten Besuchern zählen

Grünlinge und Kohlmeisen. Während die Grünlinge und auch die Gimpel ein Korn nach dem anderen an Ort und Stelle genüsslich verzehren, versteht das Meisenvolk unser Futterhaus eher als Schnellimbiss. Eilig holen sich die Kohlmeisen einige Sonnenblumenkerne und andere Leckerbissen und tragen sie im Schnabel fort, um sie an anderer Stelle zu verspeisen. Dort halten sie ihre Mahlzeit mit den Fußzehen auf einer Astunterlage fest und entfernen die »Verpackung« mit gezielten Schnabelhieben. Die Kohlmeisen-Männer gehen am Futterhaus nicht gerade zimperlich mit ihren Frauen um. Außerhalb der Fortpflanzungszeit kämpfen sie rücksichtslos um ihren eigenen Vorteil.

An den frei hängenden Meisenknödeln können die Blaumeisen ihre Vorteile gegenüber den behäbigeren Kohlmeisen ausspielen. Kopfunter turnen sie an den Knödeln herum und picken mit ihrem Schnabel Körner heraus. Diese Futterquelle macht ihnen so schnell kein anderer Vogel streitig.

Neben Blaumeisen und Kohlmeisen können wir am Futterhaus auch Tannenmeisen, die kleinste einheimische Meisenart, entdecken. An dem großen weißen Nackenfleck hinter der schwarzen Kopfplatte sind sie leicht zu erkennen. Auch die Sumpfmeisen – mit schwarz glänzender Kopfplatte und bräunlichem Rücken – mischen sich jetzt unter das muntere Vogelvolk. Wo zwei Sumpfmeisen gemeinsam auftauchen, braucht es sich keineswegs um ein Pärchen zu handeln. Männchen und Weibchen lernen sich erst im Frühjahr kennen. Der Gesang ist übrigens die sicherste Möglichkeit, Sumpfmeisen und Weidenmeisen voneinander zu unterscheiden. Beide »Graumeisen« sehen sich nämlich – wie es sich für Zwillingsarten gehört – zum Verwechseln ähnlich.

Manchmal wird dem bunten Treiben ein jähes Ende gesetzt. Hohe und intensive Warnrufe ertönen und die ganze Vogelschar stiebt nach allen Seiten auseinander. Wie ein Pfeil schießt ein größerer, graubrauner Vogel um die Ecke. Es wirbeln ein paar Federchen umher und schon streicht der Überraschungsjäger wieder ab, in seinen Fängen ein lebloser Vogelkörper. Eben noch Nahrungsgast, dient er jetzt dem Sperber als Nahrung. Winterfütterungen nutzen also nicht nur den Meisen, Finken und Sperlingen, sondern erleichtern auch dem Vogeljäger das Überleben.

Schlussbemerkung

Das Kapitel »Vogelleben in der Stadt« ist mit diesem Buch keineswegs abgeschlossen. Die vorgestellten Situationen, die Vogelarten, ihre Lebensweisen, ihre Anpassungen an Städte und ihre Probleme dort können nur einen kleinen, zugegebenermaßen subjektiven Ausschnitt aus der noch weitaus größeren städtischen Vogelvielfalt betrachten. Wenn uns diese Beispiele dennoch anregen, im eigenen Wohn-, Arbeits- und Lebensumfeld mehr auf die Vögel zu achten, und wir beginnen, sie aus reiner Neugier und Freude zu beobachten, hat sich die Lektüre gelohnt. Wenn wir besser verstehen, was Vögel zum Leben brauchen, können wir ihnen – wo notwendig – vielleicht sogar helfen. Wobei die Hilfe keineswegs zwingend ist. Allein ein Mehr an Sympathie für die Gefiederten ist schon hilfreich. Vielleicht kann daraus die Verantwortung wachsen, die wir alle für den Fortbestand der Arten tragen. Wenn wir uns besser informieren wollen und Gleichgesinnte suchen, um gemeinsam mehr für den Natur- und Vogelschutz zu erreichen, sind wir in Sachen Vogelschutz zum Beispiel beim Naturschutzbund Deutschland e. V. (NABU) oder beim Landesbund für Vogelschutz in Bayern e. V. (LBV) bestens aufgenommen.

Nisthilfen in der Stadt

Auf einen Blick – Nisthilfen in der Stadt

Für alle in dieser Tabelle genannte Vogelarten werden im Fachhandel auch fertige Nisthilfen angeboten.

Vogelart	Nisthilfen
Weißstorch	Nestunterlagen von etwa 1,3 m Durchmesser auf Hausdächern und Kirchendächern
Wanderfalke	Nistkästen an Gebäuden (nur unter Beratung und Mithilfe von Spezialisten)
Turmfalke	Nistkästen an Gebäuden (Türme und Hochhäuser): • etwa 60 cm lang, 35 cm breit, • 35 cm hoch mit 10 cm hoher Vorderwand; Kasten mit Rindenmulch-Einlage; als Vorbau ein Lattenrost: diese »Terrasse« verhindert das Herabstürzen der Jungvögel, darauf können sie auch ihre Flugmuskulatur besser trainieren
Schleiereule	Nistkästen in Scheunen und Kirchen; Kästen möglichst groß, weil die Jungvögel großen Platzbedarf haben (Mindestmaß: 100 cm × 70 cm × 70 cm)
Waldkauz	Nisthöhlen: • Bodenfläche bei runden Höhlen mindestens 20 cm Durchmesser, bei eckigen Kästen (siehe Bauanleitung Höhlenbrüter-Kasten, Seite 138) mindestens 20 cm × 30 cm, • Kastenhöhe: 30 cm, • Fluglochdurchmesser: 11 cm × 12 cm; Boden in Bruthöhle mit grobem Sägemehl oder Rindenmulch bedecken

Vogelart	Nisthilfen
Mauersegler	Nistkasten (siehe Bauanleitung Seite 142) oder Niststein
Wendehals	spezieller Höhlenbrüter-Kasten: • Boden: 14 cm × 14 cm, • Rückwand: 18 cm × 31 cm, • Vorderwand: 14 cm × 26 cm, • Seitenwände: Höhe 27,5 cm (vorne) / 31 cm (hinten), Breite 16 cm, • Dach: 21 cm × 25 cm, • Fluglochdurchmesser: 4,6 – 5 cm; Rindenmulch als Unterlage einbringen; Nisthöhle erst im Mai zugänglich machen, um die Nistplatzkonkurrenz durch andere Arten zu verringern
Rauchschwalbe	Kunstnester (käuflich); Anbieten von Nistmaterial: Lehmtröge an Bachufer und Orten mit freier Anflugmöglichkeit, Schlammpfützen
Mehlschwalbe	Kunstnester (käuflich); Anbieten von Nistmaterial: Lehmtröge an Bachufer und Orten mit freier Anflugmöglichkeit, Schlammpfützen
Bachstelze	Nischenbrüter-Kasten (siehe Bauanleitung Seite 140); Spezialhöhle wie für Gebirgsstelze (Wasseramseltyp, jedoch kleiner, Bodenfläche Innenmaß: 14 cm × 14 cm) in Bachnähe oder auch an Gebäuden; nimmt auch Niststeine für Halbhöhlenbrüter (Nischenbrüter) an
Zaunkönig	verkürzte Meisenhöhle, damit das Kugelnest den Innenraum ausfüllen kann (siehe Bauanleitung Höhlenbrüter-Kasten, Seite 138); auch Nischenbrüter-Kasten (siehe Bauanleitung Seite 140), Fluglochdurchmesser: 2,6 cm; Niststeine; Zaunkönigkugel (käuflich)

Vogelart	Nisthilfen
Grauschnäpper	Nischenbrüter-Kasten (siehe Bauanleitung Seite 140) mit freiem Ausblick
Trauerschnäpper (auch Halsband-schnäpper)	Höhlenbrüter-Kasten (siehe Bauanleitung Seite 138), Fluglochdurchmesser: 3,2 cm
Gartenrotschwanz	Höhlenbrüter-Kasten, Nischenbrüter-Kasten (siehe Bauanleitungen Seite 138 und 140), Fluglochdurchmesser: 3,2 cm
Hausrotschwanz	Nischenbrüter-Kasten (siehe Bauanleitung Seite 140)
Haubenmeise	Höhlenbrüter-Kasten (siehe Bauanleitung Seite 138), Fluglochdurchmesser: 3,2 cm; Möglichkeiten zum Aushacken wie Weidenmeise
Sumpfmeise	Höhlenbrüter-Kasten (siehe Bauanleitung Seite 138), Fluglochdurchmesser: 2,6 cm
Weidenmeise	Höhlenbrüter-Kasten (siehe Bauanleitung Seite 138), Fluglochdurchmesser: 3,2 cm; Nisthöhle mit einer Masse aus angefeuchtetem Sägemehl, vermischt mit Weizenmehl, füllen und trocknen lassen (Weidenmeisen »wollen« ihren Wohnraum selbst gestalten, die Masse wird von ihnen herausgehackt)
Blaumeise	Höhlenbrüter-Kasten (siehe Bauanleitung Seite 138), Fluglochdurchmesser: 2,6 cm
Kohlmeise	Höhlenbrüter-Kasten (siehe Bauanleitung Seite 138), Fluglochdurchmesser: 3,2 cm
Tannenmeise	Höhlenbrüter-Kasten (siehe Bauanleitung Seite 138), Fluglochdurchmesser: 2,6 cm
Kleiber	Höhlenbrüter-Kasten (siehe Bauanleitung Seite 138), Fluglochdurchmesser: 3,2 cm (größere Fluglochdurchmesser werden bis auf kleineren Einflug vom Kleiber zugemauert)

Vogelart	Nisthilfen
Gartenbaumläufer	Spezialnistkasten am Baumstamm angebracht, mit seitlichem Eingang für den Klettervogel: • Boden: 10 cm × 15 cm, • Rückwand: 18,6 cm × 35 cm, • Vorderwand: 26 cm × 15 cm, • Seitenwände: Höhe 25 cm (vorne) / 30 cm (hinten), Breite 11,8 cm, auf einer Seite in 24 cm Höhe einen Ausschnitt von 5 cm Breite und 7 cm Höhe schneiden (als Einschlupf), • Dach: 18 cm × 23 cm; ersatzweise können sogenannte Nisttaschen aus Koniferenzweigen nach unten hängend an Bäume gebunden werden, wobei das untere Drittel der Zweige zum Stamm hin nach oben gebogen und ebenfalls festgebunden wird
Haussperling	Höhlenbrüter-Kasten, Nischenbrüter-Kasten (siehe Bauanleitungen Seite 138 und 140), Spatzenhäuser (siehe Bauanleitung Seite 145), Fluglochdurchmesser: 3,2 cm
Feldsperling	Höhlenbrüter-Kasten (siehe Bauanleitung Seite 138), Fluglochdurchmesser: 3,2 cm
Star	spezieller Höhlenbrüter-Kasten (siehe Bauanleitung Seite 138), Maße wie für Wendehals, Fluglochdurchmesser: 4,5 cm
Dohle	Höhlenbrüter-Kasten (siehe Bauanleitung Seite 138), hier spezieller Nistkastentyp für Gebäudebrüter: • Boden: 30 cm × 54 cm, • Rückwand: 35 cm × 30 cm, • Vorderwand: 30 cm × 33 cm, • Seitenwände: Höhe 30 cm (vorne) / 35 cm (hinten), Breite 60 cm, • Dach: 64 cm × 40 cm, • Fluglochdurchmesser: 8 cm

Bauanleitungen für Nistkästen

Höhlenbrüter-Kasten (= Nisthöhle)

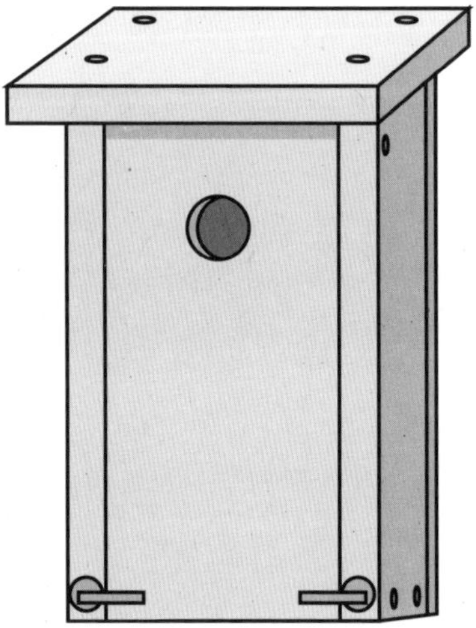

Holz-Einzelteile und Maße für den Höhlenbrüter-Kasten

Jeweils sägeraue, unbehandelte Nadelholzbretter mit einer Brettstärke von 2 cm:

- 1 Dachplatte: 19 cm × 25 cm
- 1 Bodenbrett: 12 cm × 13 cm
- 1 Rückwand: 16 cm × 28,5 cm
  (obere Breite um 0,5 cm auf 28 cm Höhe abschrägen)
- 1 Vorderwand (Fluglochwand): 11,8 cm × 26 cm
  (obere Breite um 0,5 cm auf 25,5 cm Höhe abschrägen; die Vorderwand kann mit einer Minustoleranz von 0,2 cm zugeschnitten werden, damit man sie auch bei feuchtem, gequollenem Holz zum Reinigen des Kastens herausnehmen kann [ohne Minustoleranz: 12 cm breit])
- 2 Seitenwände: Breite 15 cm, Höhe 26 cm (vorne) / 28 cm (hinten)
- Fluglochdurchmesser: 2,6 cm oder 3,2 – 3,4 cm

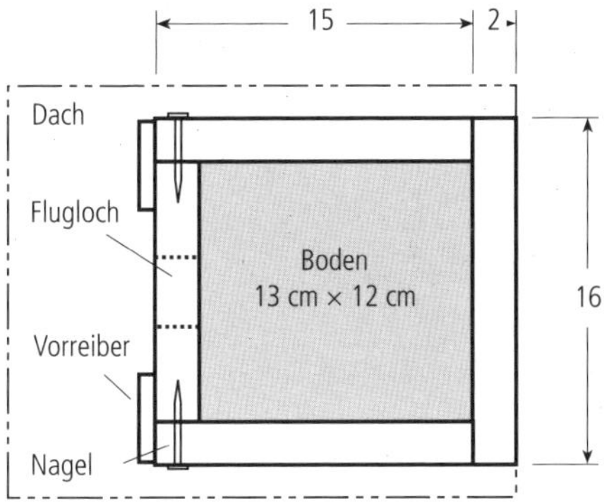

Aufsicht

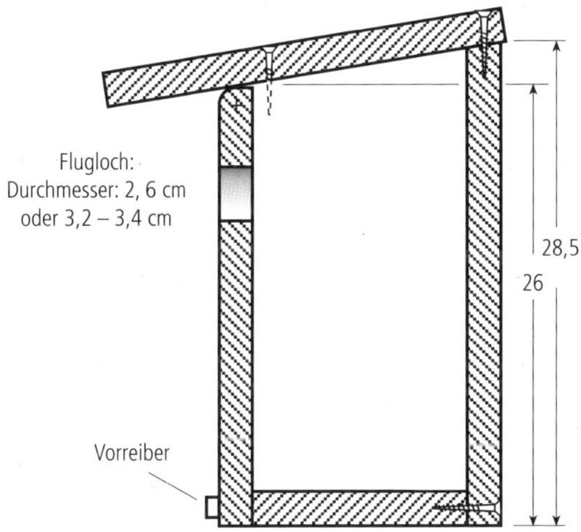

Querschnitt

Zusammenbau des Höhlenbrüter-Kastens

Wir beginnen mit dem Zusammennageln (besser: Zusammenschrauben) der Seitenwände mit der Rückwand und setzen dann das Bodenbrett dazwischen. Die Fluglochwand wird anschließend beidseitig oben mit jeweils einem Nagel oder einer Schraube, die als Anker dienen, durch die Seitenteile fixiert. Unten wird die Fluglochwand, die zur Kontrolle nach vorne klappbar ist, mit zwei Schraubhaken (Wiener Vorreiber / Vorreiber) gesichert, die jeweils in die Schmalseiten der Seitenwände unten eingeschlagen werden und, zur Vorderwand gedreht, diese geschlossen halten. Zum Schluss wird die Dachplatte aufgesetzt.

Nischenbrüter-Kasten oder Halbhöhlenbrüter-Kasten (= Halbhöhle)

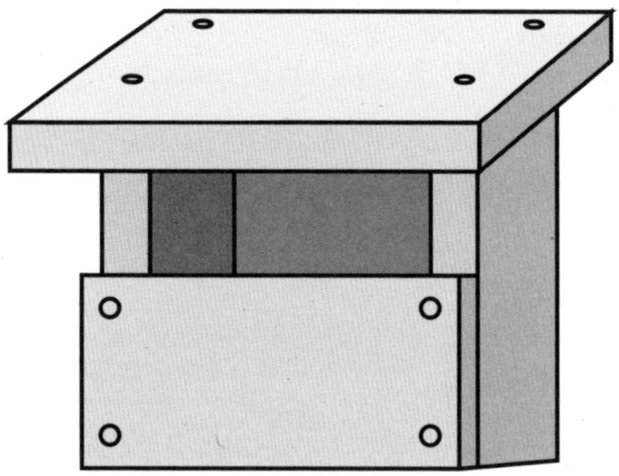

Holz-Einzelteile und Maße für den Nischenbrüter-Kasten

Jeweils sägeraue, unbehandelte Nadelholzbretter mit einer Brettstärke von 2 cm:

- 1 Dachplatte: 20 cm × 22 cm
- 1 Bodenbrett: 12 cm × 12 cm
- 1 Rückwand: 12 cm × 17 cm
  (obere Breite um 0,5 cm auf 16,5 cm Höhe abschrägen)
- 1 Vorderwand: 16 cm × 8 cm
- 2 Seitenwände: Breite 14 cm, Höhe 14 cm (vorne) / 17 cm (hinten)

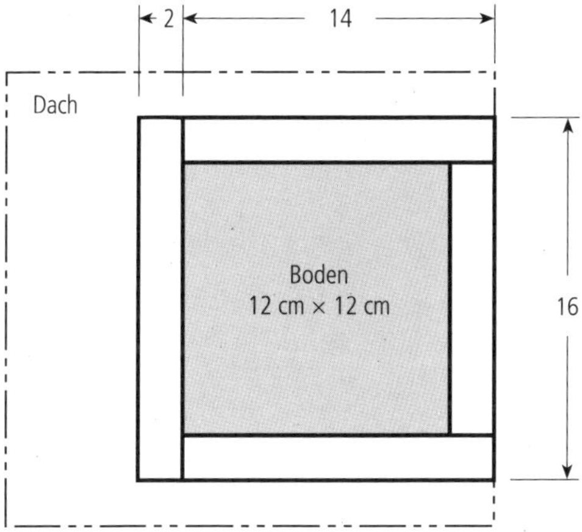

Aufsicht

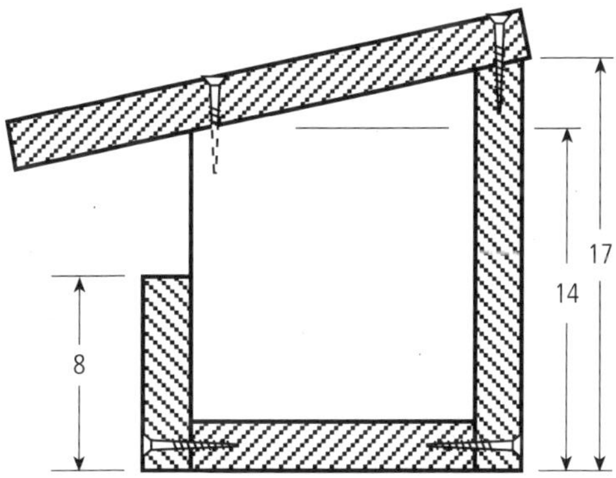

Querschnitt

Zusammenbau des Nischenbrüter-Kastens

Die Arbeitsabläufe beim Zusammenbau entsprechen denjenigen wie für den Bau des Höhlenbrüter-Kastens (siehe Seite 139).

Mauersegler-Kasten

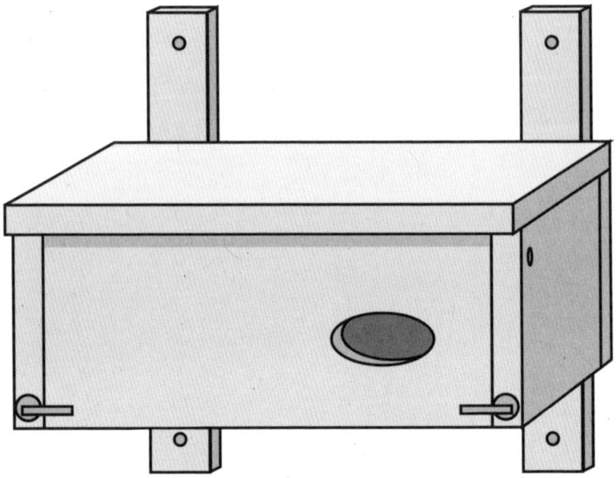

Holz-Einzelteile und Maße für den Mauersegler-Kasten

Jeweils sägeraue, unbehandelte Nadelholzbretter mit einer Brettstärke von 2 cm:

- 1 Dachplatte: 34 cm × 25 cm
- 1 Bodenbrett: 30 cm × 20 cm
- 2 Seitenwände: 22 cm × 13 cm
- 1 Vorderwand: 13 cm × 29,8 cm
  (Die Vorderwand kann mit einer Minustoleranz von 0,2 cm zugeschnitten werden, damit man sie auch bei feuchtem, gequollenem Holz zum Reinigen des Kastens herausnehmen kann [ohne Minustoleranz: 30 cm breit].)
- 1 Rückwand: 13 cm × 34 cm; mit 3 – 4 Belüftungslöchern im oberen Bereich auf der Längsseite
- 2 Halteleisten: 4 cm × 30 cm
- Fluglochdurchmesser in der Vorderwand:
  6,8 cm × 3,4 cm (oval), 2 cm über der Bodenplatte
- Maße für die Brutmulde im Bodenbrett: Durchmesser 11 cm, Tiefe 0,5 cm

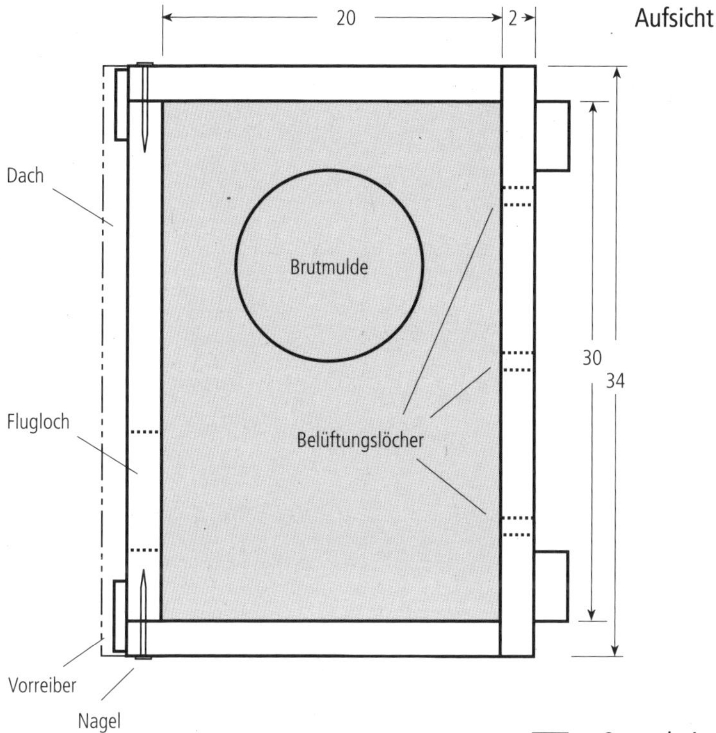
Aufsicht
20
2
Dach
Brutmulde
Flugloch
Belüftungslöcher
30
34
Vorreiber
Nagel

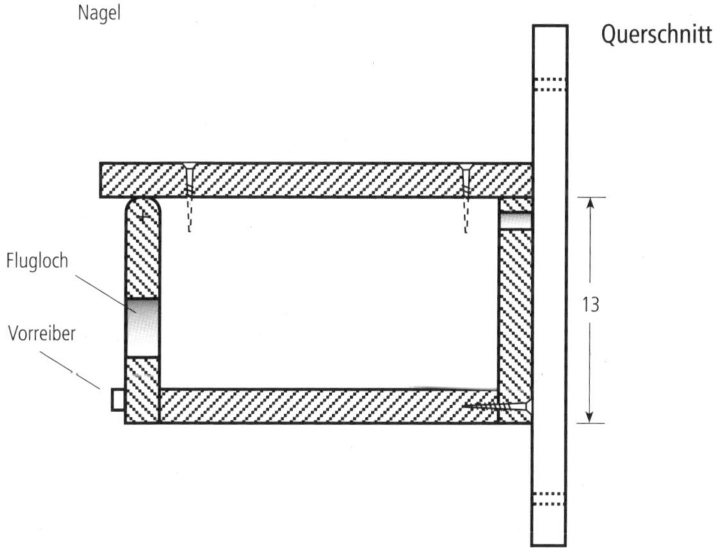
Querschnitt
Flugloch
Vorreiber
13

Zusammenbau des Mauersegler-Kastens

Mauersegler-Kästen entsprechen im Aufbau dem Höhlenbrüter-Kasten (siehe Seite 138), sind jedoch Flachkästen mit anderen Maßen und einem speziellen Einflugloch. Dieses hat eine ovale Form, ist 6,8 cm breit und 3,4 cm hoch und befindet sich seitlich in der Vorderwand, 2 cm über dem Bodenbrett des Kastens.

Am besten werden gleich mehrere Kästen mindestens sechs Meter über dem Boden an der straßenseitigen Gebäudewand unterhalb des Dachtraufs angebracht, damit die Vögel freien Anflug und Abflug zu ihren Kästen haben.

Sind die Einzelteile ausgesägt, wird in die Vorderwand das Einflugloch 2 cm über Boden gesägt. In das Bodenbrett kann eine flache Mulde von etwa 0,5 cm Tiefe in die vom Einflug abgewandte Seite gefräst werden. Diese wird von den Mauerseglern gerne zur Anlage des Napfnestes genutzt. Sie ist aber kein Muss.

Mit dem Bodenbrett und der Rückwand beginnend, werden danach die Seitenteile angeschraubt. Dann wird die Vorderwand beidseitig oben mit jeweils einem Nagel durch die Seitenteile befestigt. Der Nägel dienen als Angeln zum Öffnen der Vorderwand. Unten wird die Vorderwand, die zur Kontrolle nach vorne klappbar ist, mit zwei Schraubhaken (Wiener Vorreiber / Vorreiber) gesichert, die jeweils in die Schmalseiten der Seitenwände unten eingeschlagen werden und, zur Vorderwand gedreht, diese geschlossen halten. Schließlich wird die Dachplatte aufgesetzt. Zuletzt werden die beiden nach oben und unten überständigen Halteleisten an der Rückwand des Mauersegler-Kastens befestigt. Für den Zusammenbau sind etwa 20 verzinkte Nägel, noch besser Holzschrauben, erforderlich.

Die Mauersegler bevorzugen wegen des freien An- und Abflugs die Straßenseite von Gebäuden. Wegen Überhitzungsgefahr im Kasten (vor allem bei Süd-Exposition) sind drei bis vier Belüftungslöcher nahe der Oberkante in der Rückwand anzubringen.

Spatzenhaus

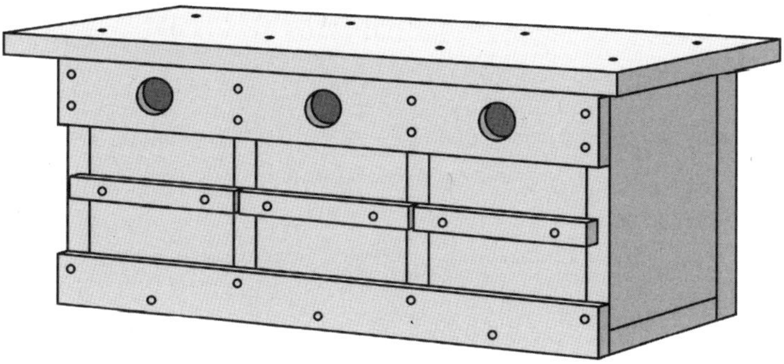

Holz-Einzelteile und Maße für das Spatzenhaus

Jeweils sägeraue, unbehandelte Nadelholzbretter mit einer Brettstärke von 2 cm (für Frontleiste, Halteleisten und Balken: 1 cm Stärke):

- 1 Dachplatte: 18 cm × 50 cm
- 1 Bodenbrett: 12 cm × 44 cm. In das Bodenbrett werden für jede der drei Kammern je zwei Belüftungslöcher von 0,5 cm Durchmesser gebohrt.
- 1 Rückwand: 19 cm × 44 cm
- 2 Seitenwände: 17 cm × 12 cm
- 2 Zwischenwände: 17 cm × 12 cm
- 3 Vorderwände (Reinigungstüren): 13,5 cm × 11,8 cm
  (Die Vorderwände können mit einer Minustoleranz von 0,2 cm zugeschnitten werden, damit man sie auch bei feuchtem, gequollenem Holz zum Reinigen des Kastens herausnehmen kann [ohne Minustoleranz: 12 cm breit].)
- 1 Frontleiste: 4 cm × 44 cm × 1 cm (Dicke)
- 3 Halteleisten: 14 cm × 2 cm × 1 cm (Dicke)
- 1 Flugloch-Balken mit 3 Fluglöchern: 5,5 cm × 44 cm × 1 cm (Dicke).
  Der Balken bietet den Spatzen über die drei Fluglöcher, die wir in ihn schneiden, Zugang zu ihren drei Apartments und hält die drei Vorderwände (Reinigungstüren) an Ort und Stelle.

Aufsicht

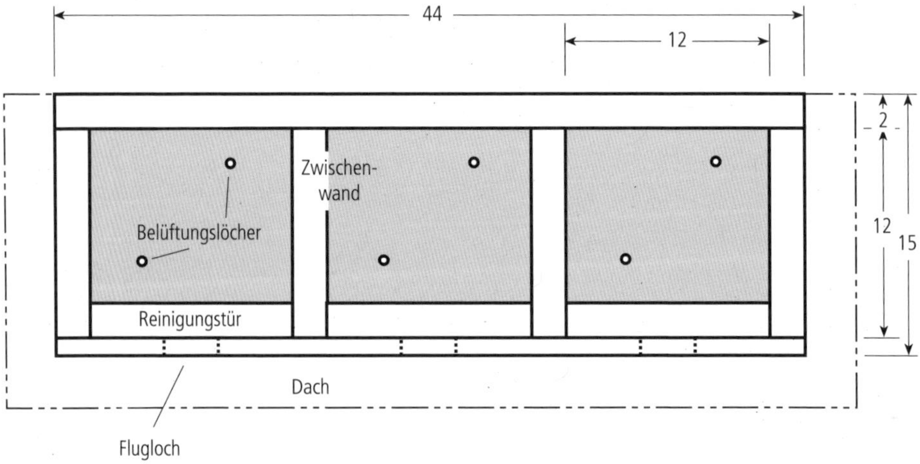

Querschnitt

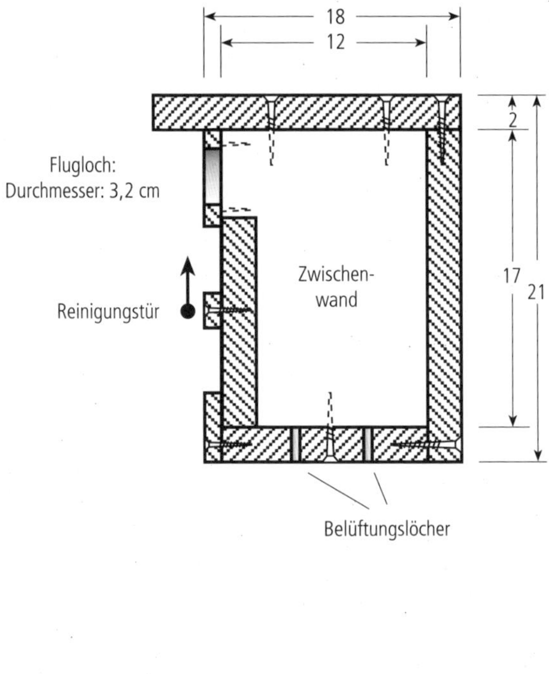

Zusammenbau des Spatzenhauses

Für Spatzen geeignet sind Nistkästen für Höhlenbrüter mit einer Fluglochweite von 3,2 cm, besonders auch in Fassaden zu integrierende Niststeine (siehe Seite 56). Weil sie gesellig leben, ist es wichtig, immer mehrere Kästen in enger Nachbarschaft aufzuhängen oder ihnen gleich ein »Spatzen-Reihenhaus« anzubieten. Das gibt es fertig zu kaufen, oder es kann – handwerkliches Geschick vorausgesetzt – in Eigenbau hergestellt werden. Das »Mehrfamilienhaus Marke Spatz« sollte mindestens zwei Meter über dem Boden, möglichst in Süd- oder Südostrichtung, mit freiem Anflug an einer Hauswand angebracht werden.

Beim Zusammenbau wird zunächst die Rückwand mit dem Bodenbrett vernagelt, besser noch verschraubt. Dann werden die Seitenwände aufgesetzt und die Zwischenwände der Kammern in gleich großen Abständen fixiert. Jetzt wird die Frontleiste angeschraubt. Danach wird der Flugloch-Balken mit den drei Fluglöchern bündig mit den Oberkanten der Seitenwände verbunden. Danach wird das Dach aufgesetzt und verschraubt. Jetzt werden die Halteleisten an den Vorderwänden (Reinigungstüren) angebracht, damit man diese als bewegliche Teile zum Öffnen und Reinigen der Kammern nach der Brutzeit leicht herausnehmen kann. Nachdem wir die Reinigungstüren vor die drei Apartments eingesetzt haben, kann die Mehrfamilienwohnung nach Spatzengeschmack an eine Haus- oder Schuppenwand angebracht werden.

Der Autor

Dr. Klaus Richarz ist promovierter Biologe. Von 1980 bis 2013 hauptamtlich im Naturschutz tätig, leitete er 22 Jahre lang die Staatliche Vogelschutzwarte für Hessen, Rheinland-Pfalz und Saarland in Frankfurt am Main. Mit dem Sitz seines »Instituts für angewandte Vogelkunde« (so die Bezeichnung der Vogelschutzwarte in der Langfassung, die gleichzeitig auch das Aufgabengebiet umreißt) waren »Vögel in der Stadt« für ihn ein Dauerthema. Als Geschäftsführer der Arbeitsgemeinschaft Fledermausschutz im NABU Hessen und als Vorsitzender des Bundesverbandes Wissenschaftlicher Vogelschutz e. V. ist er weiterhin ehrenamtlich im Naturschutz aktiv. Seine Sachbücher zu den Themen Vögel, Fledermäuse, Naturschutz und Naturerleben wurden in mehr als zehn Sprachen übersetzt.

Anhang

Literaturhinweise

- Bergmann, H.-H.:
  Vogelfedern an Flüssen und Seen. Finden und Bestimmen.
  Verlag Quelle & Meyer
- Bergmann, H.-H. & U. Westphal:
  Grundkurs Vogelstimmen
  (inklusive Begleit-DVD mit Audiolernprogramm).
  Verlag Quelle & Meyer
- Limbrunner, A., Bezzel, E., Richarz, K. & D. Singer:
  Enzyklopädie der Brutvögel Europas. Kosmos Verlag
- Moning, C., Griesholm-Pfleger, T. & M. Horn:
  Grundkurs Vogelbestimmung.
  Verlag Quelle & Meyer
- Reichholf, J. H.: **Rabenschwarze Intelligenz.**
  Was wir von Krähen lernen können. Piper Verlag
- Richarz, K.:
  Ein Heim für Gartenvögel. Vögel beobachten,
  Nistkästen und Futterhäuser bauen. Kosmos Verlag
- Richarz, K.: **Natur erleben rund ums Haus.**
  Kosmos Verlag
- Richarz, K.: **Tierspuren.**
  Verlag Eugen Ulmer
- Richarz, K. & M. Hormann: **Einfach selber bauen.**
  Artgerechte Nist- und Futterhäuser für heimische Vögel.
  AULA-Verlag
- Richarz, K. & M. Hormann:
  Nisthilfen für Vögel und andere heimische Tiere
  (inklusive CD-ROM mit 80 Bauanleitungen).
  AULA-Verlag

- Richarz, K. & A. Limbrunner:
  Welche Tierspur ist das? 106 Tierspuren einfach bestimmen.
  Kosmos Verlag
- Richarz, K. & A. Puchta:
  Steinbachs Naturführer Vögel (mit über 420 Arten).
  Verlag Eugen Ulmer
- Svensson, L., Mullamey, K. & D. Zettelström:
  Der Kosmos Vogelführer. Alle Arten Europas, Nordafrikas und Vorderasiens. Kosmos Verlag
- Westphal U.: **Schräge Vögel. Begegnungen mit Rohrdommel, Ziegenmelker, Wiedehopf und anderen heimischen Vogelarten.**
  pala-verlag

Wer in Sachen Vögel – Biologie, Schutz, Beobachtung – auf dem Laufenden bleiben will, dem sei der »Falke – Journal für Vogelbeobachter« empfohlen (auch für Einsteiger). Die Zeitschrift erscheint monatlich im AULA-Verlag, Wiebelsheim. Zurückliegende Jahrgänge sind auf DVD verfügbar: www.falke-journal.de

Hilfreiche Links

- NABU, Naturschutzbund Deutschland e. V.: www.nabu.de
- Landesbund für Vogelschutz in Bayern: e. V.: www.lbv.de
- Schweizerische Vogelwarte Sempach: www.vogelwarte.com
- Staatliche Vogelschutzwarte für Hessen, Rheinland-Pfalz und Saarland: www.vswfffm.de
- Länderarbeitsgemeinschaft der Vogelschutzwarten (LAG VSW): www.vogelschutzwarten.de
- Links zu »Stunde der Gartenvögel«, »Stunde der Wintervögel« und »Lebensraum Kirchturm«: www. nabu.de

Ausgewählte Bezugsquellen für Nisthilfen, Futterhäuser, Vogelfutter

Naturschutzbedarf Strobel
Fachhandel und -beratung Fa. Pröhl
Nitzschkaer Straße 29
04626 Schmölln OT Kummer
www.naturschutzbedarf-strobel.de

WildtierShop GmbH
Christoph-Probst-Weg 4
20251 Hamburg
www.wildtierland.de

Hasselfeldt Nisthilfen und Artenschutzprodukte e. K.
Dorfstraße 10
24613 Aukrug
www.hasselfeldt-naturschutz.de

Trixie Heimtierbedarf GmbH & Co. KG
(auch Nistkästen und Futterhäuser für heimische Vögel)
Industriestraße 32
24963 Tarp
www.trixie.de

ARIES Umweltprodukte
Stapeler Dorfstraße 23
27367 Horstedt
www.aries-online.de
(kein Versand)

Bioland Hof Jeebel
Biogartenversand OHG
Jeebel 17
29410 Salzwedel OT Jeebel
www.biogartenversand.de

NABU Natur Shop
Gutenbergstraße 12
30966 Hemmingen
www.nabu-natur-shop.de

Vivara Naturschutzprodukte
Kaiserswerther Straße 115
40880 Ratingen
www.vivara.de

Paul's Mühle
Westring 2 – 4
45659 Recklinghausen
www.pauls-muehle.de

Manufactum GmbH & Co. KG
Hiberniastraße 5
45731 Waltrop
www.manufactum.de

Humanitas Buchversand GmbH
(Nistkästen, Futterhäuser, Vogelfutter)
Industriepark 3
56291 Wiebelsheim
www.humanitas-versand.de

Schwegler Vogel- & Naturschutzprodukte GmbH
Heinkelstraße 35
73614 Schorndorf
www.schwegler-natur.de

Keller GmbH & Co. KG
Konradstraße 17
79100 Freiburg
www.biokeller.de

Triaz GmbH
(Waschbär – Der Umweltversand)
Wöhlerstraße 4
79108 Freiburg
www.waschbaer.de

LBV NaturShop
Eisvogelweg 1
91161 Hilpoltstein
www.lbv-shop.de

Im Buch genannte Vogelarten

Deutsche Namen .... Wissenschaftliche Namen .... Seiten

fett gedruckte Seitenzahl: Vogelart im Porträt

Naturschutz erleben

Wolf Richard Günzel:
Das Insektenhotel
ISBN: 978-3-89566-300-0

Uwe Westphal:
Schräge Vögel
ISBN: 978-3-89566-342-0

Wolf Richard Günzel:
Ein Garten für Eidechsen
ISBN: 978-3-89566-334-5

Erhard Maria Klein:
Die Bienenkiste
ISBN: 978-3-89566-309-3

Köstlich vegetarisch

Irmela Erckenbrecht:
Teenager auf Veggiekurs
ISBN: 978-3-89566-321-5

Heike Kügler-Anger:
Veganes Suppenglück
ISBN: 978-3-89566-345-1

Heike Kügler-Anger:
Vegane Rohköstlichkeiten aus dem Mixer
ISBN: 978-3-89566-317-8

Wolfgang Hertling:
Kochen mit Hirse
ISBN: 978-3-89566-260-7

Gesamtverzeichnis bei:
pala-verlag, Rheinstraße 35, 64283 Darmstadt, www.pala-verlag.de

ISBN: 978-3-89566-343-7

Rheinstraße 35, 64283 Darmstadt
www.pala-verlag.de

Umschlag- und Innenillustrationen: Konrad Algermissen

Lektorat: Angelika Eckstein

Druck und Bindung: fgb • freiburger graphische betriebe
www.fgb.de
Printed in Germany

Dieses Buch ist auf Papier aus
100 % Recyclingmaterial gedruckt
und klimaneutral produziert.

Print CO2 kompensiert
Id-Nr. 1546235
www.bvdm-online.de